充满自然气息的
四季花草钩编

[日] 绮绮 / 著
叶宇丰 / 译

中国纺织出版社

Introduction

介绍

春天来了，蒲公英和堇花开始绽放。

像是同许久未见的老朋友邂逅一般。

它们盛开在路边、公园里、庭院中，默默地宣告着春天的到来。

于是，我便有了把这些朴素常见的野花钩织成饰品的想法。

那朵花的特点是什么，花蕊和叶子该怎样制作，如何钩织才能使它们栩栩如生呢？

抱着这些疑问，仔细观察，反复查阅图鉴，

选色，研究钩织方法，通过插入金属丝来调整形状……

啊，那朵花就在那儿呢！若能给人这样的感觉，便是幸事。

绮绮（chi·chi）

目录

从春到夏

令人怦然心动的清新季节

空气忽然变得温柔起来，令人心情放松的季节来临了。
风吹绿了嫩芽，野花的色彩交织如画。

胸前别上一枚楚楚动人的野花，仅此便能感受到春日的温暖。

✳ 春日原野

突然发现，到处都是小小的花朵。

油菜花

制作方法 p.40

紫云英

制作方法 p.41

荠菜花

制作方法 p.42

spring

向阳处的小花，宣告着春日的来访。

❋ 路边小花

娇小却有着顽强生命力的小花，让人心生怜爱。

菫菜花

制作方法 p.43

虞美人草

制作方法 p.44

蒲公英

制作方法 p.45

spring

在阳光的照耀下，花儿更显鲜艳夺目。

✳ 春天的公园

沐浴着柔和的阳光，沉浸在采摘野花的乐趣中。

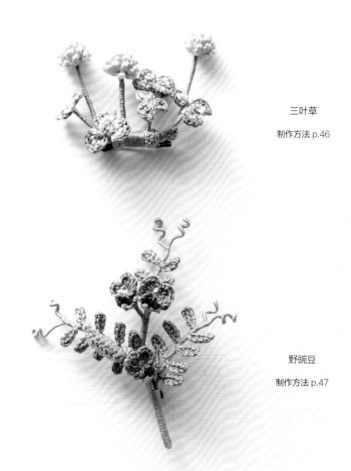

三叶草

制作方法 p.46

野豌豆

制作方法 p.47

spring

看着它们争先恐后盛开的可爱姿态，不觉地笑容满溢。

✳ 梅雨季节

也许是因为有了雨水的滋润，花朵愈发显得光泽艳丽。

绣球花

制作方法 p.48

四照花

制作方法 p.49

鸭跖草

制作方法 p.50

early summer

白色、蓝色……在这个季节渐渐爱上清澈的色彩。

✳ 夏日小径

耀眼的光照与鲜艳的花朵最为相称!

牵牛花

制作方法 p.51

向日葵

制作方法 p.52

令人回忆起童年时光的花儿。

从秋至冬

渐渐变色的恬静的野外风情

凉意渐浓，即将迎来草木"变装"、果实成熟的季节了。
在凌冽的空气中静待温暖春日的再次到来。

将自然的馈赠——树木的果实点缀搭配起来，正是秋日里的小趣味。

✳ 秋日花坛

随风悠悠摇摆着的野花，与凉爽的风儿嬉戏。

大波斯菊

制作方法 p.53

马蔺

制作方法 p.54

autumn

或淡薄、或浓厚的粉色小花，盛开在原野上的零乱姿态惹人喜爱。

✳ 落叶的色彩

红色、黄色……被染上不同颜色的叶子，是大自然给予的礼物。

银杏

制作方法 p.49

红叶

制作方法 p.55

乌桕

制作方法 p.56

autumn

每片叶子的颜色不尽相同，悄悄拾起，带它们回家吧。

✳ 探拾果实

红色的果实、棕色的果实。花点时间，静静地等待果实的成熟吧！

松果

制作方法 p.57

野蔷薇果

制作方法 p.58

橡子

制作方法 p.59

autumn

忘我地拾捡果实，沉浸在深秋的原野中。

✳ 新春

将对新年的美好祝愿都寄托在花束里。

南天竹

制作方法 p.60

水仙

制作方法 p.61

山茶花

制作方法 p.62

winter

看！春天就在不远处。为缺少色彩的冬日增添了一层华美。

✳ 春回大地

接着，春天伴随着朦胧的薄红花瓣一起到来了。

樱花

制作方法 p.63

用迷你版来演示制作方法
参照p.30

spring

伴随着柔和的风、温暖的阳光，盼望已久的春天来了……

制作开始前的需知事项

本书中的作品均以刺绣线为基础制成。
在此介绍作品的制作方法，钩织要点以及正式开始前的准备工作。

❋ 线材

除去花蕊等部分，作品均使用25号刺绣线制作。
除指定外取3股线钩织。为了自然地表现花草的色彩，本书将不同品牌的线材混合在一起使用。不同品牌的线材，色彩会有微妙的差异，更能在不同光影下展现花草的色泽变化。建议根据实际需求购买线材。

DMC
奥林巴斯
COSMO
Anchor

为了表现微妙的色彩变化，本书使用以上4个品牌的线材。

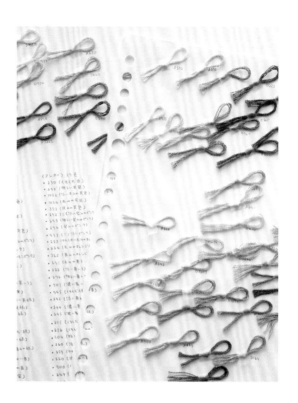

❋ 工具

准备好钩织所需的蕾丝钩针、处理线头的刺绣针等必备工具。

6号

12号

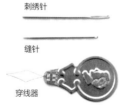

刺绣针

缝针

穿线器

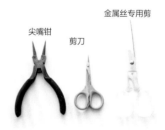

尖嘴钳

剪刀

金属丝专用剪

蕾丝钩针

3股线基本使用6号蕾丝钩针钩织。根据钩织部位的不同，也有用12号针钩织2股线的情况。

针

针尖呈圆形的刺绣针，常用来将线头穿过针脚或环、藏线头、缝合等。缝针用来处理缠金属丝的线。穿线器便于将较短的线头穿过针孔。

其他

尖嘴钳用于弯曲金属丝、拉线等。要注意使用时的力度，勿钳断线材。剪线和剪金属丝的剪刀也需区分使用。

❋ 制作配件所需的材料

在此介绍组装配件及定型时所需的材料和工具。

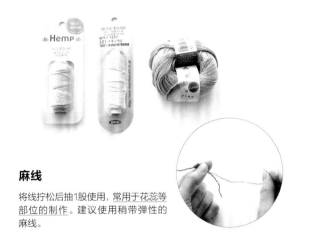

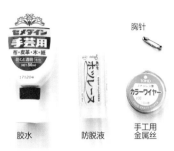

胸针

胶水　防脱液　手工用
金属丝

麻线

将线拧松后抽1股使用，常用于花蕊等部位的制作。建议使用稍带弹性的麻线。

金属丝、其他

胶水用于固定胸针以及线头。防脱液可以加强固定，防止线头散开。胸针建议选择小型号。金属丝选择#30手工专用（不锈钢）。

❋ 定型

在组装好各个配件之后，将熨烫专用定型喷雾喷洒在需要定型的部位，自然风干（也可用吹风机加速吹干）。此外，也可用此方法给使用一段时间后形状不佳的成品重新定型。

定型后　　　　定型前

图右为定型前，图左为定型后。花瓣展开后的蒲公英更为逼真。

❋ 花蕊和蒂

用上面介绍的麻线来制作花蕊。可将线一股股抽出剪断后依次打结，也可打结后再在结头的边缘断线。其中又分为使用单色线和双色线打结两种情况。蒂用刺绣线制作。

A 打结（在边缘断线）

2种颜色的情况下

将制作花蕊的线穿过针孔，并将针置于轴心线上，卷线2圈。用手压住卷线部分，抽出针，打结完成。

在结头边缘断线。

结头浸防脱液后风干，以防止线头散开。

B 打结（打结后对折）

取3股刺绣线，卷线2次打结，对折后使用。

※制作单色花蕊时，取1股线打结并在边缘断线即可。

制作樱花胸针

钩织花朵和叶子，加入金属丝做成枝丫状并组合。
在此用p.26樱花胸针的迷你版来演示制作过程。

作品参照p.26

✲ 需要准备的材料

（此为迷你版的用量·使用线材和钩织方法参照p.63）

花: 2个（颜色自选）　花蕾: 1个　花萼: 3个
叶子A·B: 各1片　叶苞: A·B各1个
刺绣线: 花·叶柄（柔和的黄绿色）、枝丫（红棕色）
花蕊用麻线（生成色·浅黄色）　#30金属丝　胸针
2cm×1个

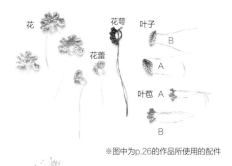

花　花蕾　花萼　叶子 B A　叶苞 A B

※图中为p.26的作品所使用的配件

花蕊
在麻线（生成色）上用浅黄色线
打结（参照p.29Ⓐ），准备约15
根（7~8根×2朵花）。

迷你版

1 制作花朵部分

❶ 将7~8根花蕊穿入花瓣的环内，拉紧环。

❷ 当环难以拉紧时可以借助尖嘴钳。

❸ 将花朵根部穿过花萼，并拉紧花萼的环。

❹ 用刺绣针把花萼钩织结束时留下的线头收进花朵根部，缝合在一起。

❺ 剪10~15cm长的金属丝，穿过花萼中心，对折。

❻ 用尖嘴钳夹紧对折的部分。

2　缠线制作花柄

❶ 取3股花柄用线穿过刺绣针（无需剪断）。在花萼根部的针脚上入针，开始缠线。

❷ 将花朵、花萼和花蕊的线头一起缠进去。紧紧缠线，使花蕊牢牢固定住。

1cm
斜着剪

❸ 缠1cm左右，为了不使花柄过粗，在此剪断花、花萼、花蕊的线头。斜着剪断线头可避免产生明显的段差。

2.5~3cm

❹ 如图缠2.5~3cm左右，将线头夹在金属丝之间暂时固定，剪断线头。※柄的整体在使用同色线的情况下无需断线。

未完全盛开的花

1的❹中，缝合花萼与花瓣时，将针同时穿过两片花瓣来调整花朵的开合程度。

3　缠线制作枝丫

~1.5cm

❶ 将花朵、未完全盛开的花、花蕾（已安装花萼和金属丝）合并在一起后，用叶苞B的线将之缠起来。

2cm

❷ 用红棕色的线将3支花柄缠在一起，同时包裹住叶苞的线头。开始的位置可以反复缠几次，使之牢牢固定。

❸ 缠3~4cm左右，暂时固定，剪断线头。花的枝丫部分完成。

4　制作叶子部分

❶ 将叶子A柄的用线（3股）穿过刺绣针，穿入开始钩织的针脚处。准备10~15cm长的金属丝，对折备用。

❷ 在叶子反面正中间，起针针脚的里山上缠金属丝。

❸ 每个针脚缠3~4次，将叶子和金属丝固定在一起。

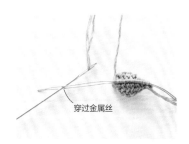

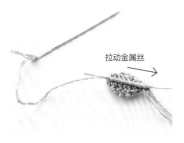

拉动金属丝

❹ 缠到最后，将线穿过对折的金属丝中间。

❺ 往根部方向拉动金属丝。将线头藏入针脚中。

❻ 在开始缠线的一头，继续将线头和金属丝紧紧地缠在一起。

叶子B 叶子A

叶苞

❼ 缠一段距离后，将线头夹在金属丝之间暂时固定，剪断线头。

❽ 用同样的方法缠好叶子B，将2片叶子组合在一起，用叶苞A的线缠起来。按照③的②的方法，用红棕色线将之缠好固定住（线头暂不处理）。

5　整体的组合

❶ 观察整体的平衡感，调整配件的位置，在花的枝丫（③的③）上加入叶子的枝丫（④的⑧），用余下的线头将之缠在一起。枝丫重合部分的分岔点上需交叉缠绕几次固定。

❷ 在缠线的过程中，为了不使枝丫过粗，可以适当地剪断线头和金属丝。错开长度斜着剪断线头可避免产生明显的段差。留下2根金属丝作为轴心。

❸ 图为花朵和叶子部分组合在一起的样子。紧紧地缠线，防止松散。

6　收尾

重叠缠线

❶ 缠到所需的长度后，弯曲枝丫底端并再缠一小段。这部分需要反复缠几次牢牢固定。

❷ 用尖嘴钳夹紧弯曲部分（注意勿钳断线）。剪断余下的线头和金属丝。

❸ 在弯曲部分靠内侧处开始继续缠线。稍稍加大手劲，防止线圈松脱（可将金属丝插入缠好的线圈中）。

❹ 缠线至安装胸针的位置。在胸针的正反两面都涂上胶水。

❺ 把胸针放在合适的位置，继续缠线。过程中需避开枝丫分岔处。

❻ 缠好胸针部分后，继续往上紧紧缠线。

涂少量胶水

❼ 缠好后断线，将线头穿过缝针。在线上涂少量胶水，穿过枝丫的缠线部分后断线。

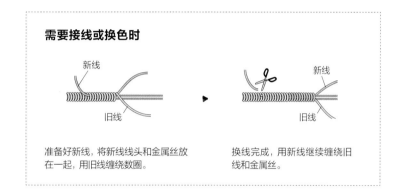

需要接线或换色时

新线

旧线

▶

新线

旧线

准备好新线，将新线线头和金属丝放在一起，用旧线缠绕数圈。

换线完成，用新线继续缠绕旧线和金属丝。

7　定型

❶ 将需定型的饰品放在纸巾上，喷上定型喷雾剂。

❷ 在饰品湿润时及时整理花瓣和叶子的形状，等待自然风干（也可用吹风机低档加速吹干）。

完成

正面

6cm

反面

制作荠菜花胸针

以p.6的荠菜花胸针为例，讲解放射状花朵的制作、边缠线边做枝丫等与樱花不同的制作技巧。

✳ 需要准备的材料

（各配件的用线和钩织方法参照p.42）

花: 5个　花蕾: 3个　种子: 10个　叶子: A~C各1片
花蕊（分股剪断的草绿色麻线）×20根　刺绣线: 茎用
　#30 金属丝　胸针2cm×1个

花

花蕾

种子

叶子
A

C

B

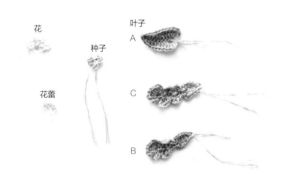

作品参照p.6

1 制作叶子和花朵

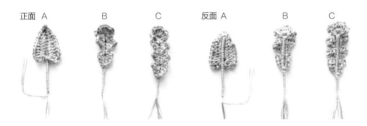

正面 A　　B　　C　　反面 A　　B　　C

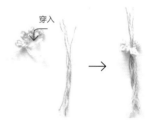

穿入

❶ 按照与p.31 4 相同的方法，在叶子反面加入金属丝，缝针穿过起针针脚的里山，用茎用刺绣线缠线，制作叶子A~C。用起始位置的线再往下缠数厘米，暂时固定并断线。

❷ 将4根花蕊穿入花朵的环中，拉紧环（参照p.30 1 的①、②）。花蕾则用钩织结束时的线穿入起始针脚，拉紧环。

2 在种子和花朵上缠线，连接成枝丫状

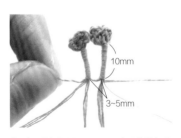

10mm

3~5mm

❶ 准备长40~50cm的金属丝。取3股茎用刺绣线，在5~6cm处开始缠线。缠1~2cm后，将种子根部穿过金属丝，贴紧缠线部分。

❷ 对折弯曲金属丝，此时包入种子的线头，向下继续缠线至茎的长度。弯曲金属丝，再次缠单股金属丝，缠至所需的长度后，按照①的方法加入种子后继续向下缠线。

❸ 种子之间间隔3~5mm，种子的茎长度统一在10mm左右。

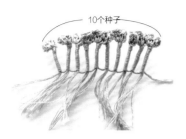

10个种子

❹ 按照同样的方法连接10个种子。

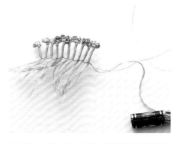

❺ 从整束线中抽出3股，缠线时无需剪断。

穿过反面根部

❻ 缠线至茎的长度后，在①花朵的根部插入金属丝。

❼ 按照与连接种子同样的方法穿入金属丝，用茎线缠绕。

8mm

❽ 可以适当剪断花朵和花蕊的线头，防止线头缠在一起。

5mm

❾ 按照10个种子、5个花、3个花蕾的顺序连接好。花朵和花蕾之间不留空隙。

---

3 调整成放射状

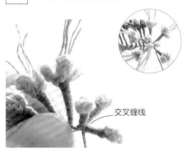

交叉缠线

❶ 在花蕾的根部翻折金属丝，将3个花蕾展开成放射状。在分岔点交叉缠线固定。花朵也用同样的方法展开成放射状。

❷ 继续向下缠线，同时包入种子和茎的线头。线头可以适当剪断。

❸ 缠至最下方，扭动茎干，将种子调整成放射状。

❹ 参照p.32⑤，依次加入叶子。

弯曲

❺ 参照p.32⑥的方法收尾，安装胸针。修剪调整花蕊的长度。

正面　　　反面

❻ 喷上定型液调整形状并风干，完成。

钩针编织基础

✳ 符号图和钩织方法

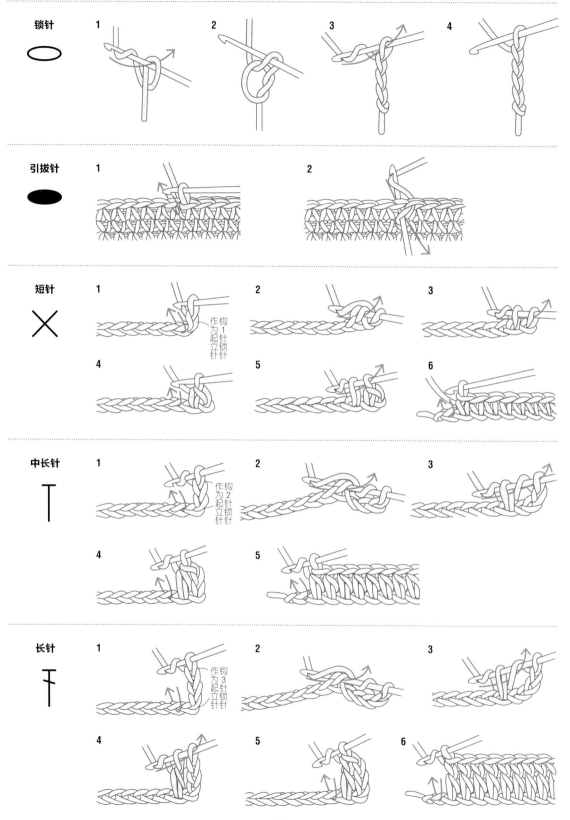

锁针

引拔针

短针
作为1针起立锁针

中长针
作为2针起立锁针

长针
作为3针起立锁针

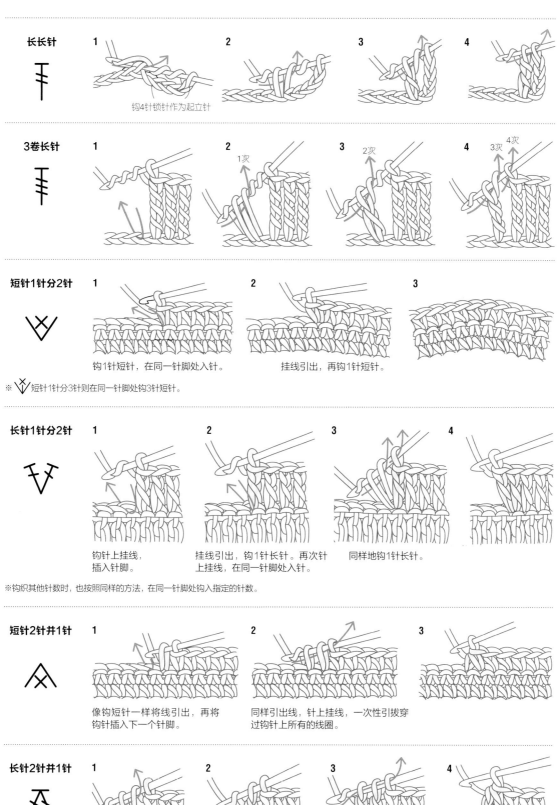

长长针

1　2　3　4

钩4针锁针作为起立针

3卷长针

1　2　3　4

1次　2次　3次　4次

短针1针分2针

1　2　3

钩1针短针，在同一针脚处入针。

挂线引出，再钩1针短针。

※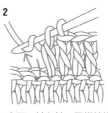短针1针分3针则在同一针脚处钩3针短针。

长针1针分2针

1　2　3　4

钩针上挂线，
插入针脚。

挂线引出，钩1针长针。再次针
上挂线，在同一针脚处入针。

同样地钩1针长针。

※钩织其他针数时，也按照同样的方法，在同一针脚处钩入指定的针数。

短针2针并1针

1　2　3

像钩短针一样将线引出，再将
钩针插入下一个针脚。

同样引出线，针上挂线，一次性引拔穿
过钩针上所有的线圈。

长针2针并1针

1　2　3　4

在第1针上入针，钩1针未
完成的长针。

在下一针入针，同样地钩
1针未完成的长针。

针上挂线，一次性引拔穿
过钩针上所有的线圈。

| 条纹针 | 钩织方法和短针相同。在正面挑起上一行针脚的后半针钩织。留下的前半针呈现条纹状。 | 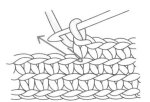 | 反面 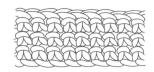 |

锁针1针的狗牙针

1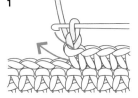

钩1针锁针，挑起短针的顶部半针和底部的1根线（前一针为长针的情况下也使用相同方法）。

2 引拔

针上挂线，引拔穿过线圈。

3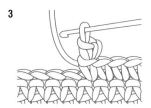

✳ 本书中使用的特殊钩织方法

※以下是本书特有针法的符号图，不在JIS（日本工业标准）规定范围内。

中长长针

1 按照长长针的钩织方法，针上挂线2次。

2 在上一行的针脚入针引出线，引拔穿过前2个线圈。

3 再次针上挂线，引拔穿过3个线圈。

4 长度介于长针和长长针之间。

中3卷长针

按照3卷长针的钩织要领，在针上挂线3次，接着以2个线圈、2个线圈、3个线圈的顺序引出线。长度介于长长针和3卷长针之间。

钩长针，在长针针柱的线圈处引拔1针。

连续钩短针2针并1针和短针1针分2针。在上一行针脚上钩1针短针，在同一针脚处再次入针引出线，紧接着在下一个针脚处入针引出线，一次性引拔穿过钩针上所有线圈。

变形Y字针

在长长针的针柱中间线圈处入针，钩长针。

在3卷长针的针柱线圈处入针，分别钩长针和长长针。

1 在上一行针脚处钩织2个未完成的长长针。

2 针上挂线，引拔穿过前2个线圈。

3 在同一个针脚上再钩织2个未完成的长长针，引拔穿过前2个线圈。再次针上挂线。

4 一次性引拔穿过所有线圈。

✻ 环形起针

绕线作环起针 用线头的一端作环，在环中入针钩织。

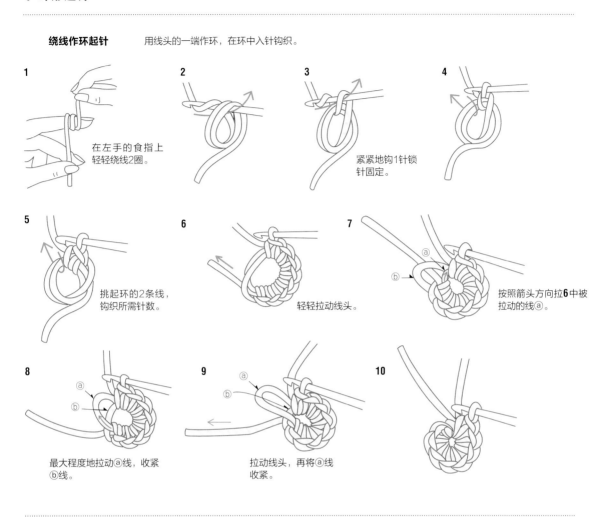

1 在左手的食指上轻轻绕线2圈。

2

3 紧紧地钩1针锁针固定。

4

5 挑起环的2条线，钩织所需针数。

6 轻轻拉动线头。

7 按照箭头方向拉6中被拉动的线ⓐ。

8 最大程度地拉动ⓐ线，收紧ⓑ线。

9 拉动线头，再将ⓐ线收紧。

10

锁针起针 钩织所需数目的锁针，挑起图示针脚开始钩织第1行。

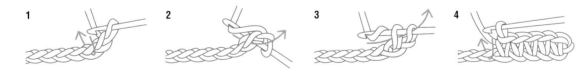

1　**2**　**3**　**4**

以叶子为例，在锁针两侧钩织时

正面

反面

挑起针针脚的里山

在一侧挑起锁针的半针钩织，另一侧挑起锁针的剩余半针钩织，反面留下锁针里山的1条线。需要加入金属丝时，缝针穿过里山缠线固定，效果紧致且整洁。

作品的制作方法

彩图 p.6,7

油菜花

材料
花：ⓐDMC676 花蕾：ⓑDMC3046
叶子：ⓒAnchor859 茎：ⓓDMC3053
花蕊：麻线（草绿色）20根（4根cm×5朵花）
#30金属丝、胸针2cm×1个

工具
蕾丝钩针6号、尖嘴钳、胶水

成品尺寸
5cm×6.5cm

制作方法（3股线钩织）
1 钩织5朵花，每朵花穿入4根花蕊并拉紧环。
2 钩织9个花蕾A、6个花蕾B，钩织结束的线头穿入起始针脚，正面朝内拉紧。
3 钩织叶子A、B各1片，装上金属丝（参照p.31④）。
4 将4个花蕾A、3个花蕾B调整成放射状，制作成花A（参照p.35②的⑥~③的①）。暂时固定好缠线的线头，剪断。
5 同样地将5个花朵、5个花蕾A、3个花蕾B调整成放射状，制作成花B。
6 边往下缠花B的茎，边按顺序加入花A、叶子A、叶子B，缠线固定（参照p.32⑤）。
7 底部收尾，安装胸针（参照p.32⑥）。

花 ×5个 线材：■ⓐ

开始钩织
钩织结束
环

不打结的花蕊
3~4cm
4根
穿入
拉紧环，
线头从环中穿出

花蕾 线材：■ⓑ

A ×9个
开始钩织
环
反面
钩织结束

B ×6个
开始钩织
环
反面
钩织结束

钩织结束时的线头穿入起始针脚，拉紧环

花和花蕾的组合方法

花A
0.8cm 0.3cm 花蕾A
花蕾B
0.5cm
线材：■ⓓ
金属丝约20cm

花
1cm 花蕾A
花B
0.8cm
线材：■ⓓ
0.3cm 0.5cm
金属丝 花蕾B

叶子 线材：■ⓒ

A×1片
开始钩织
钩织结束

B×1片
开始钩织
钩织结束

=长长针1针分4针
=长长针1针分3针
=中长长针（p.38）

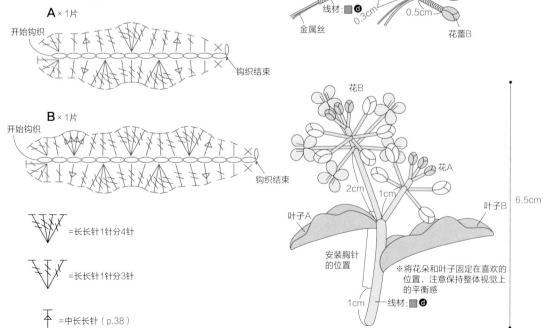

花B
花A
叶子B
2cm 1cm
叶子A
安装胸针的位置
6.5cm
※将花朵和叶子固定在喜欢的位置，注意保持整体视觉上的平衡感
1cm 线材：■ⓓ

彩图 p.6,7

紫云英

材料

花：**ⓐ**Anchor893、**ⓑ**Anchor892、
ⓒDMC3722
叶子：**ⓓ**Anchor859 茎：**ⓔ**DMC3013
#30金属丝、胸针2cm×1个

用具

蕾丝钩针6号、尖嘴钳、胶水

成品尺寸

7cm×7cm

制作方法（3股线钩织）

1 钩织19朵花，过程中变换花瓣的颜色。
2 钩织叶子A~C各1片。
3 将叶子装上金属丝。
4 将花朵调整成放射状（参照p.35②的⑥~③的①），用ⓔ线缠绕。花B的茎不断线。
5 边往下缠花朵B的茎，边加入花朵和叶子固定（参照p.32⑤）。
6 底部收尾，安装胸针（参照p.32⑥）。

花 ×19个

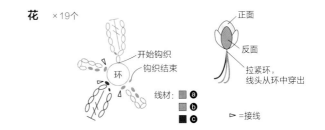

开始钩织
钩织结束
环
钩织结束

正面
反面
拉紧环，线头从环中穿出

线材：■ ⓐ
　　　■ ⓑ
　　　■ ⓒ

▷=接线

叶子 线材：■ ⓓ

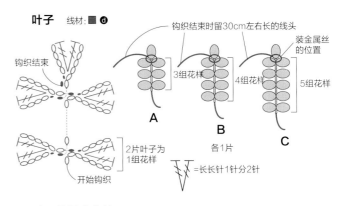

钩织结束
钩织结束时留30cm左右长的线头
装金属丝的位置
3组花样
4组花样
5组花样
A
B
C
2片叶子为1组花样
各1片
开始钩织
=长长针1针分2针

叶子的组合方法

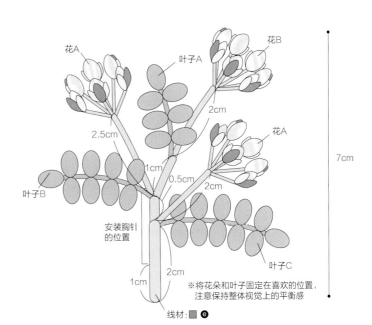

装金属丝的位置

在反面钩织结束的位置加入金属丝（10~15cm）并弯折

用钩织结束时剩余的线将叶子中心和金属丝缠绕起来，有叶子的位置交叉缠绕

在根部缠数厘米后，剪断线头和金属丝，将线头夹在金属丝之间暂时固定

花的组合方法

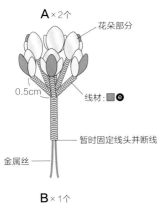

A×2个

花朵部分

0.5cm

线材：■ⓔ

暂时固定线头并断线

金属丝

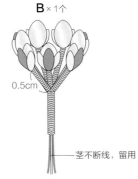

B×1个

0.5cm

茎不断线，留用

花A
叶子A
花B
2cm
花A
2cm
2.5cm
1cm
0.5cm
7cm
叶子B
安装胸针的位置
2cm
叶子C
1cm

※将花朵和叶子固定在喜欢的位置，注意保持整体视觉上的平衡感

线材：■ⓔ

彩图　p.6,7

荠菜花

参照p.34~35的制作过程

材料
花·花蕾：ⓐDMC ECRU
种子·叶子·茎：ⓑDMC372
花蕊：麻线（草绿色）20根（4根cm×5朵花）
#30金属丝、胸针2cm×1个

用具
蕾丝钩针6号、尖嘴钳、胶水

成品尺寸
4cm×9cm

制作方法（3股线钩织）
1 钩织5朵花，分别穿入4根花蕊并拉紧环。
2 钩织3个花蕾，钩织结束的线头均穿入起始针脚，正面朝内拉紧。
3 钩织10个种子、叶子A~C各1片。
4 参照p.34~35的制作过程，在各配件上安装金属丝并组合。

花　×5个　线材：■ⓐ

开始钩织
环
钩织结束

不打结的花蕊
3~4cm
4根
穿入
拉紧环，线头从环中穿出

花蕾　×3个　线材：■ⓐ

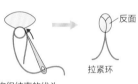

开始钩织
环
钩织结束

种子　×10个　线材：■ⓑ

=中长长针（p.38）
开始钩织
钩织结束

装金属丝的位置

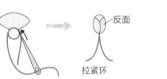

反面
拉紧环

钩织结束的线头
穿入起始针脚

叶子　线材：■ⓑ　×各1片

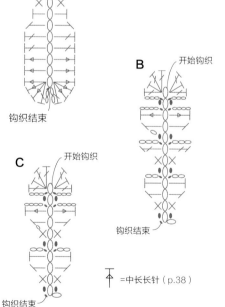

A
开始钩织
钩织结束

C
开始钩织
钩织结束
钩织结束

B
开始钩织
钩织结束

=中长长针（p.38）

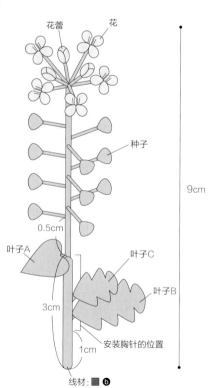

花蕾
花
种子
0.5cm
叶子A
叶子C
叶子B
3cm
安装胸针的位置
1cm
9cm
线材：■ⓑ

彩图　p.8,9

堇菜花

材料
花·花蕾：❹COSMO477
花的图案：❺DMC452
花芯：❻COSMO572
花萼·叶子：❹Anchor860
茎：❺Anchor260
根：❺Anchor1084、❻Anchor1082
#30金属丝、胸针2cm×1个

用具
蕾丝钩针6号、尖嘴钳、胶水

成品尺寸
4cm×5.5cm

制作方法（3股线钩织）
1 钩织2朵花，绣上图案。取❻线，用打结后对折的方式做2根花芯（参照p.29B），穿入花朵中心。
2 钩织1个花蕾，调整好形状。
3 钩织3个花萼。分别缝合在花朵和花蕾下，加入金属丝，用❺线缠绕（参照p.30①~31②）。花蕾的茎暂不断线。
4 钩织叶子A~C各1片，装上金属丝（参照p.31④）。
5 用花蕾的茎线往下继续缠绕，绕线过程中固定花和叶子（参照p.32⑤）。
6 底部收尾。此时需改变根部的颜色（参照p.33）。再次换回原线，安装胸针（参照p.32⑥）。

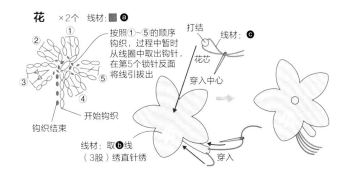

花　×2个　线材：■❹

按照①~⑤的顺序钩织，过程中暂时从线圈中取出钩针，在第5个锁针反面将线引拔出

打结　线材：❻
花芯
穿入中心

开始钩织
钩织结束

线材：取❺线（3股）绣直针绣
穿入

花蕾　×1个　线材：■❹

在☆处引拔
开始钩织
钩织结束

线头穿入★中心处

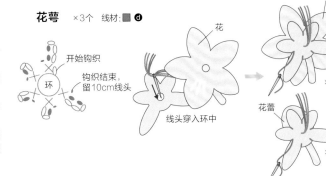

花萼　×3个　线材：■❹

开始钩织
环
钩织结束，留10cm线头
线头穿入环中

花

用花萼钩织结束时的余线卷缝
花
×2个

花蕾
×1个

叶子　线材：■❹

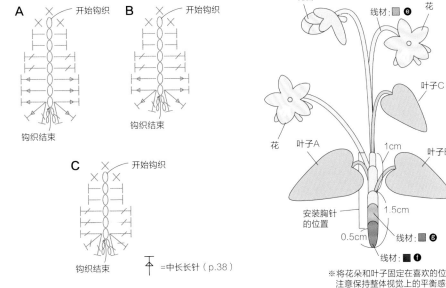

A　开始钩织
钩织结束

B　开始钩织
钩织结束

C　开始钩织
钩织结束

⊤ =中长长针（p.38）

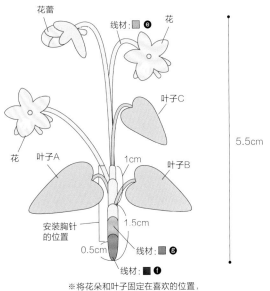

花蕾
线材：■❺　花
花

叶子C

叶子A
花

叶子B

1cm
安装胸针的位置
1.5cm
0.5cm　线材：■❻
线材：■❺

5.5cm

※将花朵和叶子固定在喜欢的位置，注意保持整体视觉上的平衡感

彩图　p.8,9

虞美人草

材料
花：ⓐAnchor884、ⓑAnchor883
花蕾：ⓐAnchor884、ⓒAnchor260
花芯·叶子：ⓓDMC3052
茎：ⓔDMC3053
花蕊：麻线（深灰色·浅黄色）
#30金属丝、胸针2cm×1个

用具
蕾丝钩针6号、12号、尖嘴钳、胶水

成品尺寸
4cm×7cm

制作方法（除指定外均用6号针钩织3股线）
1 取2股线，用12号针钩织2个花A，1个花B。
2 用指定的针线钩织花蕾A、B各1个，拉紧环，将AB重合在一起。
3 钩织2个花芯A、1个花芯B。
4 钩织1片叶子A、2片叶子B，装上金属丝。
5 花蕾安装金属丝（参照p.30①的⑤～31②）。
6 以深灰色的麻线做芯线，用浅黄色线在芯线顶部打结，制作20～24根花蕊（参照p.29A）。
7 在花A中穿入花芯和花蕊（10～12根），花B中穿入花芯，装上金属丝（参照p.30①的⑤～31②）。花A的茎暂不断线。
8 缠线固定花、花蕾和叶子（参照p.32⑤），底部收尾并安装胸针（参照p.32⑥）。

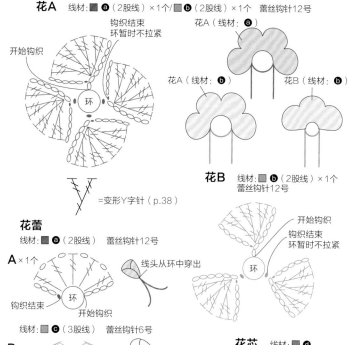

花A　线材：■ⓐ（2股线）×1个/■ⓑ（2股线）×1个　蕾丝钩针12号
开始钩织
钩织结束 环暂时不拉紧
环
花A（线材：ⓐ）
花A（线材：ⓑ）　花B（线材：ⓑ）

=变形Y字针（p.38）

花B　线材：■ⓑ（2股线）×1个　蕾丝钩针12号
开始钩织
钩织结束 环暂时不拉紧
环

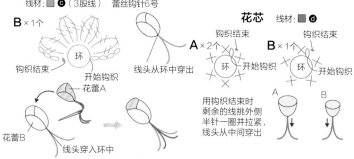

花蕾
线材：■ⓐ（2股线）　蕾丝钩针12号
A×1个
钩织结束
环
开始钩织
线头从环中穿出

线材：■ⓒ（3股线）　蕾丝钩针6号
B×1个
钩织结束
环
开始钩织
线头从环中穿出

花芯　线材：■ⓓ
A×2个
钩织结束
环　开始钩织
B×1个
钩织结束
环　开始钩织
用钩织结束时剩余的线挑外侧半针一圈并拉紧，线头从中间穿出
A　B

花蕾A
花蕾B
线头穿入环中

花的组合方法
花芯A
将花蕊和花芯A穿入环中并拉紧
花芯B
将花芯B穿入环中并拉紧

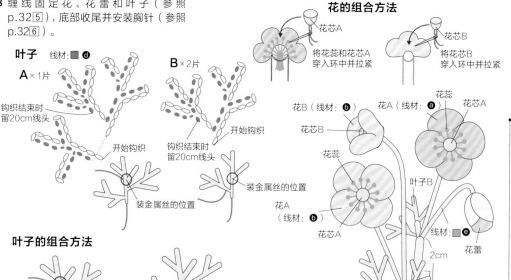

叶子　线材：■ⓓ
A×1片
钩织结束时留20cm线头
开始钩织
装金属丝的位置

B×2片
开始钩织
钩织结束时留20cm线头
装金属丝的位置

花B（线材：ⓑ）
花A（线材：ⓐ）
花芯
花芯A
花芯B
花蕊
花蕊
叶子B
花A（线材：ⓑ）
花芯A
花蕊
线材：■ⓔ
2cm
花蕾
7cm
叶子A
叶子B
安装胸针的位置
2.5cm
1cm

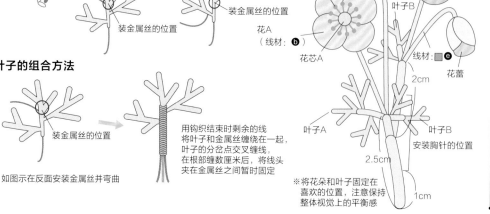

叶子的组合方法
装金属丝的位置
用钩织结束时剩余的线将叶子和金属丝缠绕在一起，叶子的分岔点交叉缠线，在根部缠数厘米后，将线头夹在金属丝之间暂时固定
如图示在反面安装金属丝并弯曲

※将花朵和叶子固定在喜欢的位置，注意保持整体视觉上的平衡感

彩图　p.8,9

蒲公英

材料
花: ⓐDMC676　花芯: ⓑAnchor891
花蕾: ⓑAnchor891、ⓒDMC676
花萼·叶子: ⓓAnchor860
茎: ⓔDMC3013
#30金属丝、胸针2cm×1个

用具
蕾丝钩针6号、12号、尖嘴钳、胶水

成品尺寸
5.5cm×5cm

制作方法（除指定外均用6号针钩织3股线）
1 取2股线，用12号针钩织2个花芯。从开始钩织的一侧正面朝内卷起来，用钩织结束的余线缝合固定。
2 钩织2朵花，将步骤1的花芯穿入花朵重叠。
3 钩织1个花蕾（过程中改变所用针线），从开始钩织的一侧正面朝内卷起来，用钩织结束的余线缝合固定。
4 钩织3个花萼，分别重叠在花朵和花蕾下，用钩织结束的余线缝合。
5 钩织叶子A 2片，叶子B和叶子C各1片，装上金属丝（参照p.31④）。
6 组合叶子和花蕾，用ⓔ线缠绕固定叶子（参照p.34②）。
7 缠线至顶端后折回，安装胸针（参照p.32⑥的④）。

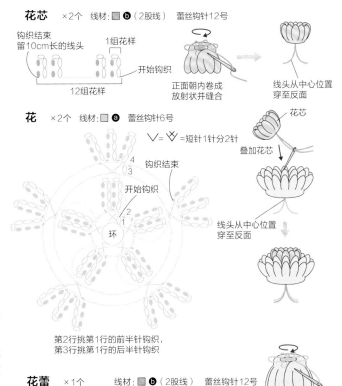

花芯　×2个　线材: ⓑ（2股线）　蕾丝钩针12号

钩织结束留10cm长的线头
1组花样
12组花样
开始钩织
正面朝内卷成放射状并缝合
线头从中心位置穿至反面

花　×2个　线材: ⓐ　蕾丝钩针6号

∨=⋎=短针1针分2针
钩织结束
开始钩织
环
花芯
叠加花芯
线头从中心位置穿至反面

第2行挑第1行的前半针钩织，
第3行挑第1行的后半针钩织

花蕾　×1个　线材: ⓑ（2股线）　蕾丝钩针12号
　　　　　　　　　　　　　ⓒ　蕾丝钩针6号

钩织结束留10cm线头
▷=接线　►=断线　1组花样
开始钩织
16组花样　6组花样
正面朝内卷成放射状并缝合
线头从中心位置穿至反面

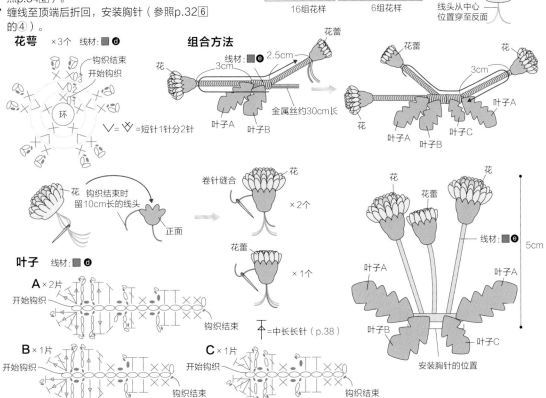

花萼　×3个　线材: ⓓ
钩织结束
开始钩织
环
∨=⋎=短针1针分2针

组合方法
花蕾
花
线材: ⓔ　2.5cm
3cm
叶子A
叶子B
金属丝约30cm长
花
花蕾
3cm
花
叶子A
叶子C
花
叶子A
叶子B

花
钩织结束时留10cm长的线头
正面
卷针缝合
花
×2个
花蕾
×1个
┬=中长长针（p.38）

叶子　线材: ⓓ
A×2片
开始钩织
钩织结束
B×1片
开始钩织
钩织结束
C×1片
开始钩织
钩织结束

花
花
花蕾
线材: ⓔ
叶子A
叶子A
叶子B
叶子C
安装胸针的位置
5cm

三叶草

材料
花：ⓐDMC ECRU、ⓑAnchor260
叶子：ⓒAnchor860、ⓐDMC ECRU、
ⓓDMC3053、ⓔDMC372
茎：ⓓDMC3053
#30金属丝、胸针2.5cm×1个

用具
蕾丝钩针6号、尖嘴钳、胶水

成品尺寸
5.5cm×4.5cm

制作方法（3股线钩织）
1 钩织2个花A、1个花B，从开始钩织的一侧
  正面朝内卷起来，缝合固定。
2 钩织2片叶子A、1片叶子B，绣上图案。
3 钩织2片叶子C，4片叶子D。
4 用ⓓ线缠绕1根金属丝（约40cm长），过
  程中加入花和叶子（参照p.34②）。叶子D
  缠入枝杈根部的位置。
5 避开枝杈和叶子D的部分，安装胸针（参照
  p.33⑥的④）。

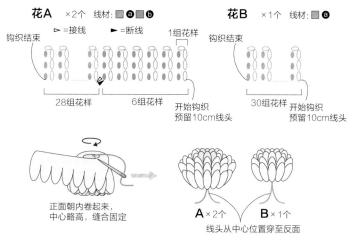

花A ×2个 线材：▨ⓐ▨ⓑ
▷=接线 ►=断线
1组花样
钩织结束
28组花样 6组花样
开始钩织
预留10cm线头

花B ×1个 线材：▨ⓐ
钩织结束
30组花样 开始钩织
预留10cm线头

正面朝内卷起来，
中心略高，缝合固定

A ×2个 B ×1个
线头从中心位置穿至反面

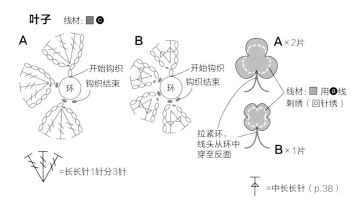

叶子 线材：▨ⓒ

A
开始钩织
环
钩织结束

B
开始钩织
环
钩织结束
拉紧环，
线头从环中穿至反面

A ×2片
线材：▨ⓒ 用ⓐ线
刺绣（回针绣）

B ×1片

=长长针1针分3针

↑ =中长长针（p.38）

叶子C 线材：▨ⓓ
开始钩织
环
钩织结束

C ×2片
拉紧环，
线头从环中穿至反面

叶子ⓓ 线材：▨ⓔ
开始钩织
钩织结束

D ×4片

组合方法

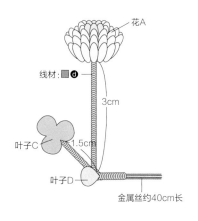

花A
线材：▨ⓓ
3cm
叶子C
1.5cm
叶子D
金属丝约40cm长

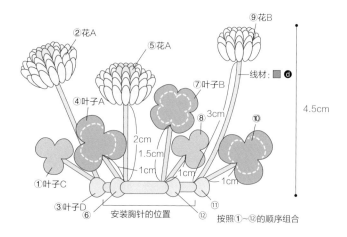

②花A
⑤花A
⑨花B
④叶子A
⑦叶子B
线材：▨ⓓ
2cm
1.5cm
⑧
3cm
1cm
1cm
1cm
4.5cm
⑩
①叶子C
③叶子D
⑥
安装胸针的位置
⑪
⑫
按照①～⑫的顺序组合

彩图　p.10,11

野豌豆

材料
花：**ⓐ**Anchor892、**ⓑ**Anchor894、
ⓒDMC3722
豆荚：**ⓓ**Anchor260
花萼·茎·藤蔓：**ⓔ**DMC3053
叶子：**ⓕ**Anchor859
#30金属丝、胸针2cm×1个

用具
蕾丝钩针6号、尖嘴钳、胶水

成品尺寸
7.5cm×8cm

制作方法（3股线钩织）
1　钩织3朵花，过程中改变花瓣的颜色。
2　钩织1个豆荚，正面朝内对折，钩引拔针缝合。
3　钩织4个花萼，叶子A~C各1片。
4　在花和豆荚上穿入金属丝，并装上花萼（参照
　　p.30①~31②）。花萼无需缝合，暂时固定后
　　断线。
5　用**ⓔ**线做枝丫分岔处的藤蔓（参照p.53）。边
　　往下缠线边加入叶子（参照p.57）。
6　组合叶子、花和豆荚，缠线固定（参照
　　p.32⑤）。
7　底部收尾，安装胸针（参照p.32⑥）。

花　×3个　线材：■**ⓐ** ■**ⓑ** ■**ⓒ**

▷ =接线
► =断线

＝中长长针（p.38）

翻面

反面

环
钩织结束

线头均从环中
穿至反面

叶子　×各1片　线材：■**ⓕ**

A

钩织结束

4组花样

1组花样

开始钩织

B·C

钩织结束

B:3组花样
C:4组花样

1组花样

开始钩织

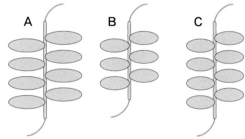

A　B　C

豆荚　×1个　线材：■**ⓓ**

至第2行

开始钩织

正面朝内对折

钩织结束

挑内侧半针，一一对应钩引拔针缝合

装金属丝的位置

花萼　×4个　线材：■**ⓔ**

钩织结束
开始钩织

环

正面

线头从环中穿至正面

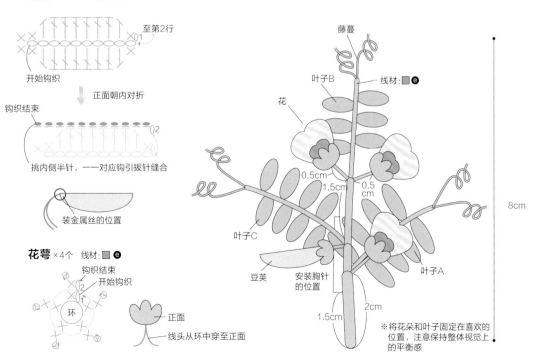

藤蔓

叶子B　线材：■**ⓔ**

花

0.5cm
1.5cm　0.5cm

8cm

叶子C

豆荚　安装胸针的位置

叶子A

2cm

1.5cm

※将花朵和叶子固定在喜欢的
位置，注意保持整体视觉上
的平衡感

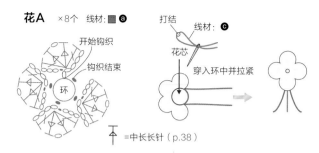

彩图 p.12,13

绣球花

材料
花：ⓐAnchor900、ⓑDMC169
花芯：ⓒAnchor922
花蕾：ⓑDMC169、ⓒAnchor922
叶子：ⓓAnchor860　茎：ⓔDMC3053
花蕊：麻线（生成）
#30金属丝、胸针2cm×1个

用具
蕾丝钩针6号、尖嘴钳、胶水

成品尺寸
5cm×6.5cm

制作方法（3股线钩织）
1 钩织8朵花A。用ⓒ线打结对折做花芯（参照 p.29B），穿入A的环中并拉紧。
2 钩织5朵花B。用麻线打结做花蕊（参照p.29 A），每朵花B环中穿入5根花蕊并拉紧。
3 用ⓑ线钩织4个花蕾、ⓒ线钩织8个花蕊，将钩织结束时的线头穿入起始针脚，正面朝内拉紧。
4 钩织叶子A、B各1片，装上金属丝（参照 p.31④）。
5 将花朵和花蕾调整成放射状，制作7根枝丫（参照p.34②、35③）。
6 其中1根枝丫不断线，用此线把7根枝丫合并固定在一起（参照p.31③）。交叉缠线使之牢牢固定。接着缠线固定叶子（参照p.32⑤）。
7 底部收尾，安装胸针（参照p.32⑥）。

花A　×8个　线材：■ⓐ

开始钩织
钩织结束
环

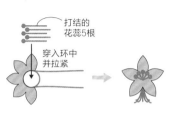

打结
线材：ⓒ
花芯
穿入环中并拉紧

↑=中长长针（p.38）

花B　×5个　线材：■ⓑ

开始钩织
钩织结束
环

打结的花蕊5根
穿入环中并拉紧

花蕾　线材：■ⓑ/■ⓒ

开始钩织
环
钩织结束

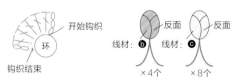

反面　反面
线材：ⓑ　线材：ⓒ
×4个　×8个

花的组合方法

花和花蕾装上金属丝，组合成7根枝丫，合并在一起

花A2个、花蕾、花B或花蕾…4根
花B或花蕾、花蕾×2个…3根
金属丝20cm

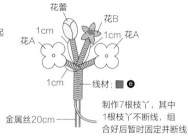

花蕾
花B
1cm　花A
花A
1cm
1cm
线材：ⓔ

制作7根枝丫，其中1根枝丫不断线，组合好后暂时固定并断线

叶子　线材：■ⓓ

A×1片
开始钩织　钩织结束

B×1片
开始钩织　钩织结束

叶子A

线材：■ⓔ

安装胸针的位置
2cm

叶子B

6.5cm

※将花朵和叶子固定在喜欢的位置，注意保持整体视觉上的平衡感

=中长长针（p.38）

=中3卷长针（p.38）

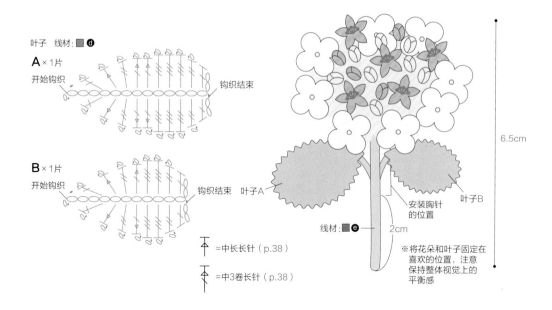

彩图　p.12,13

四照花

材料
花：@DMC ECRU　花芯：⑥DMC3013
叶子：⑥Anchor860　花柄：⑥DMC3013
枝：⑥Anchor1084
#30金属丝、胸针2cm×1个

用具
蕾丝钩针6号、尖嘴钳、胶水

成品尺寸
5.5cm×6cm

制作方法（3股线钩织）
1　钩织花和花芯各2个。花芯正面朝内卷起来并缝合固定。
2　钩织2片叶子A、1片叶子B，装上金属丝（参照p.31④）。
3　在花朵中心穿入花芯，加入金属丝后用⑥线缠绕（参照p.30①的⑤~31②）。
4　组合花朵和叶子，用⑥线缠绕固定（参照p.32⑤）。开始缠线的位置需多绕几次牢牢固定。
5　底部收尾，安装胸针（参照p.32⑥）。

‡=中长长针（p.38）　 ‡=中3卷长针（p.38）　 =（p.38）

花　×2个　线材：■@
叶子　线材：■⑥
A×2片
开始钩织　钩织结束
B×1片
开始钩织　钩织结束

∨=⋎ =短针的1针分2针

开始钩织　钩织结束

在第1圈钩织4片花瓣后拉紧环，再钩第2圈

线头从环中穿至反面

花芯　×2个　线材：□⑥

参照p.45「蒲公英」的【花芯】制作方法（3股线）

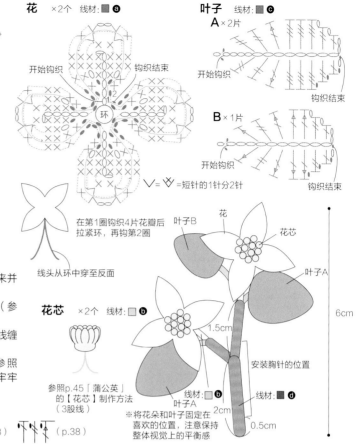

叶子B　花
花芯
叶子A
1.5cm
安装胸针的位置
6cm
线材：□⑥
叶子A
线材：■⑥
2cm
0.5cm

※将花朵和叶子固定在喜欢的位置，注意保持整体视觉上的平衡感

彩图　p.20,21

银杏

材料
叶子：@Anchor874、⑥Anchor945、
⑥DMC3046、⑥DMC372
果实：⑥奥林巴斯734　果实柄：⑥DMC842
枝丫：⑥DMC840
#30金属丝、胸针2cm×1个、
填充棉

用具
蕾丝钩针6号、尖嘴钳、胶水

成品尺寸
6cm×7cm

制作方法（3股线钩织）
1　用指定颜色钩织8片叶子。
2　钩织3个果实。塞入填充棉，将钩织结束时的线头穿入最终行的针脚并拉紧。
3　将叶子和果实装上金属丝。果实柄用⑥线缠线固定（参照p.30①的⑤~31②）。
4　用⑥线将叶子和果实组合固定在一起（参照p.32⑤、55）。开始缠线的位置需多绕几次使之牢牢固定。底部收尾并安装胸针（参照p.32⑥）。

叶子　线材：□@×3片　■⑥×2片
□⑥×2片　□⑥×1片

钩织结束留15cm线头
开始钩织

装金属丝的位置

果实　×3个　线材：■⑥
钩织结束
开始钩织
环

棉花
①塞入填充棉
正面
②穿入最终行的针脚
③拉紧

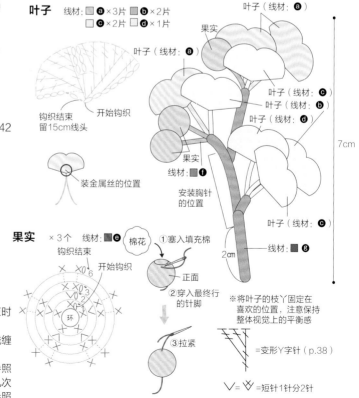

叶子（线材：@）
叶子（线材：⑥）
叶子（线材：⑥）
叶子（线材：⑥）
果实
线材：■⑥
安装胸针的位置
7cm
叶子（线材：⑥）
线材：■⑥
2cm

※将叶子的枝丫固定在喜欢的位置，注意保持整体视觉上的平衡感

=变形Y字针（p.38）

∨=⋎ =短针1针分2针

49

彩图　p.12,13

鸭跖草

材料

花蕊：**ⓐ**DMC676、**ⓑ**Anchor362
花：**ⓒ**DMC ECRU、**ⓓ**Anchor922
花萼：**ⓔ**DMC524　叶子：**ⓕ**Anchor860
茎：**ⓖ**Anchor260
花蕊的芯：麻线（生成色）
#30金属丝、胸针2cm×1个

用具

蕾丝钩针6号、12号、尖嘴钳、胶水

成品尺寸

5cm×7cm

制作方法（除指定外均用6号针钩织3股线）

1 取1股线，用12号蕾丝钩针钩织8个花蕊A、4个花蕊B。

2 将麻线打结制作芯（参照p.29A），在花蕊A、B中各穿入1根芯并拉紧，用胶水固定底部线头。

3 钩织2朵花，钩织过程中需换色。每朵花的环中穿入4个花蕊A，2个花蕊B，拉紧环并调整形状。

4 钩织2个花萼、2片叶子A、1片叶子B、2个叶苞。

5 分别将叶子A、B、叶苞装上金属丝（参照 p.31④），叶苞正面朝内对折。

6 将花朵装上花萼和金属丝（参照 p.30①~31②），用**ⓖ**线缠绕固定。

7 将花、叶子、叶苞缠线固定在一起（参照 p.32⑤），底部收尾并安装胸针（参照p.32⑥）。

花蕊　线材：■**ⓐ**/■**ⓑ**（1股线）　蕾丝钩针12号

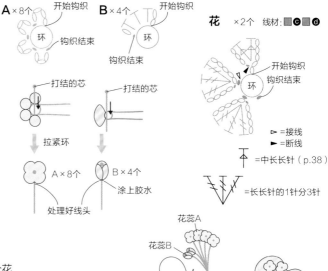

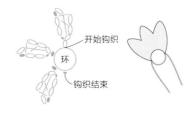

花萼　×2个　线材：■**ⓔ**

叶子　线材：■**ⓕ**

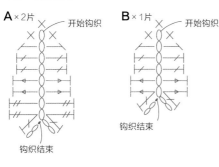

叶苞　×2个　线材：■**ⓕ**

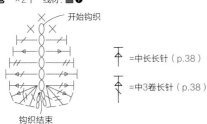

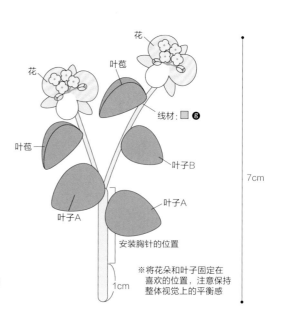

50

彩图 p.14,15

牵牛花

材料
花: **ⓐ**DMC ECRU、**ⓑ**Anchor849、
ⓒDMC317
花芯: **ⓓ**奥林巴斯733
花蕾: **ⓐ**DMC ECRU、**ⓒ**DMC317
叶子·花萼: **ⓔ**Anchor860
藤蔓·茎: **ⓕ**DMC372
#30金属丝、胸针2cm×1个、
填充棉

用具
蕾丝钩针6号、尖嘴钳、胶水

成品尺寸
5cm×7cm

制作方法（3股线钩织）

1 钩织深蓝和浅蓝的花各1朵,钩织过程中注意换色。

2 换色钩织1个花蕾。正面朝外,塞入填充棉,将钩织结束时的线头穿入最终行的针脚并拉紧。

3 钩织3个花萼、2片叶子。

4 将叶子装上金属丝（参照p.31④）。将花蕾装上花萼和金属丝（参照p.30①）,用**ⓕ**线缠绕固定（参照p.31②）。花萼无需缝合。

5 用**ⓓ**线制作花芯（参照p.53）,穿入花朵中。按照步骤4的方法安装花萼,用**ⓕ**线缠绕固定。

6 用**ⓕ**线制作藤蔓（参照p.53）,往下缠线的过程中加入花蕾、花、叶子（参照p.32⑤）。

7 底部收尾,安装胸针（参照p.32⑥）。

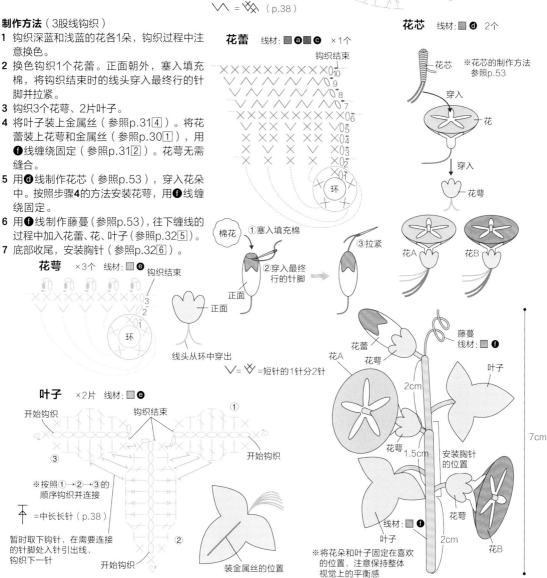

花　线材: ■ⓐ■ⓑ/■ⓒ

线材: ⓑ
正面
线材: ⓒ
反面
开始钩织
钩织结束
环
A×1个
B×1个

∨ = ᗐᗐ =短针的1针分2针
∨∧ = ᗐᗐᗐ （p.38）

花蕾　线材: ■ⓐ■ⓒ　×1个
钩织结束
环

棉花
①塞入填充棉
②穿入最终行的针脚
③拉紧
正面
正面

∨ = ᗐᗐ =短针的1针分2针

花芯　线材: ■ⓓ　2个
花芯
※花芯的制作方法参照p.53
穿入
花芯
花
穿入
花萼
花A
花B

花萼　×3个　线材: ■ⓔ
钩织结束
环

叶子　×2片　线材: ■ⓔ
开始钩织
钩织结束
①
开始钩织
③
②
※按照①→②→③的顺序钩织并连接
↑ =中长长针（p.38）
暂时取下钩针,在需要连接的针脚处入针引出线,钩织下一针
开始钩织
装金属丝的位置

花蕾
花萼
花A
花萼
花萼
花B
叶子
叶子
藤蔓
线材: ■ⓕ
安装胸针的位置
线材: ■ⓕ
2cm
1.5cm
2cm
7cm
※将花朵和叶子固定在喜欢的位置,注意保持整体视觉上的平衡感

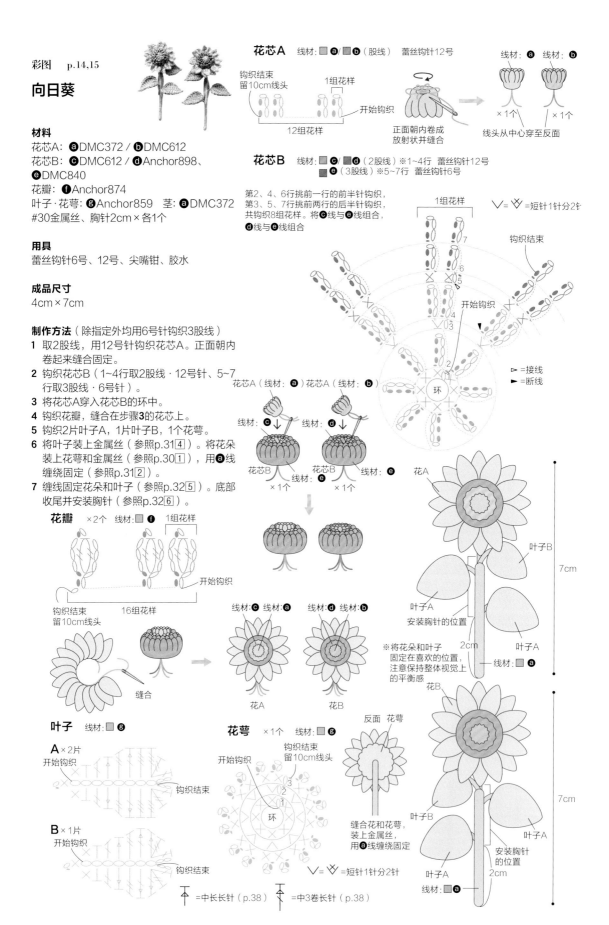

彩图 p.14,15

向日葵

材料
花芯A：ⓐDMC372／ⓑDMC612
花芯B：ⓒDMC612／ⓓAnchor898、ⓔDMC840
花瓣：ⓕAnchor874
叶子·花萼：ⓖAnchor859　茎：ⓐDMC372
#30金属丝、胸针2cm×各1个

用具
蕾丝钩针6号、12号、尖嘴钳、胶水

成品尺寸
4cm×7cm

制作方法（除指定外均用6号针钩织3股线）
1 取2股线，用12号针钩织花芯A。正面朝内卷起来缝合固定。
2 钩织花芯B（1~4行取2股线·12号针、5~7行取3股线·6号针）。
3 将花芯A穿入花芯B的环中。
4 钩织花瓣，缝在步骤3的花芯上。
5 钩织2片叶子A，1片叶子B，1个花萼。
6 将叶子装上金属丝（参照p.31④）。将花朵装上花萼和金属丝（参照p.30①），用ⓐ线缠绕固定（参照p.31②）。
7 缠线固定花朵和叶子（参照p.32⑤）。底部收尾并安装胸针（参照p.32⑥）。

花芯A　线材：■ⓐ/■ⓑ（股线）　蕾丝钩针12号
钩织结束 留10cm线头
1组花样
开始钩织
12组花样
正面朝内卷成放射状并缝合
线头从中心穿至反面
线材：ⓐ　线材：ⓑ
×1个　×1个

花芯B　线材：■ⓒ/■ⓓ（2股线）※1~4行　蕾丝钩针12号
■ⓔ（3股线）※5~7行　蕾丝钩针6号

第2、4、6行挑前一行的前半针钩织，
第3、5、7行挑前两行的后半针钩织，
共钩织8组花样。将ⓒ线与ⓐ线组合，
ⓓ线与ⓔ线组合。

1组花样
∨=Ⅴ＝短针1针分2针
钩织结束
开始钩织
环
▷=接线
▶=断线

花芯A（线材：ⓐ）花芯A（线材：ⓑ）
线材：ⓒ　线材：ⓓ
花芯B　花芯B
线材：ⓔ
×1个　×1个

花瓣　×2个　线材：■ⓕ
1组花样
开始钩织
钩织结束 留10cm线头
16组花样

缝合

线材：ⓒ　线材：ⓐ　线材：ⓓ　线材：ⓑ
花A　花B

叶子　线材：■ⓖ
A×2片　开始钩织　钩织结束
B×1片　开始钩织　钩织结束

花萼　×1个　线材：■ⓖ
开始钩织
钩织结束 留10cm线头
环
∨=Ⅴ＝短针1针分2针
⊤=中长长针（p.38）　=中3卷长针（p.38）

反面　花萼
缝合花和花萼，装上金属丝，用ⓐ线缠绕固定

花A
叶子B
叶子A
安装胸针的位置
2cm
叶子A
线材：■ⓐ
7cm

※将花朵和叶子固定在喜欢的位置，注意保持整体视觉上的平衡感

花B
叶子B
安装胸针的位置
2cm
叶子A
线材：■ⓐ
7cm

彩图 p.18,19

大波斯菊

材料

花：ⓐ奥林巴斯767 / ⓑ奥林巴斯765 /
ⓒDMC950
花芯：ⓓDMC729
花蕾：ⓑ奥林巴斯765 / ⓒDMC950
花萼A・茎：ⓔDMC372
花萼B・叶子：ⓕAnchor844
#30金属丝、胸针2cm×各1个、填充棉

用具

蕾丝钩针6号、12号、尖嘴钳、胶水

成品尺寸

4cm×6.5cm

制作方法（除指定外均用6号针钩织3股线，每朵花的花蕾、花萼、叶子数量有所不同）

1 用指定颜色钩织花朵。
2 取2股线，用12号针钩织花芯，正面朝内卷成放射状并缝合。
3 用指定颜色钩织花蕾。塞入填充棉，钩织结束时的线头穿入针脚并拉紧。
4 钩织花萼A・B，叶子A・B。
5 将叶子装上金属丝（参照p.44）。
6 将花朵装上花芯、花萼和金属丝（参照p.30①~31②），按照花萼A、金属丝、花萼B的顺序安装，B无需缝合，用ⓔ线缠绕。
7 缠线固定花朵、花蕾和叶子（参照p.32⑤）。底部收尾并安装胸针（参照p.32⑥）。

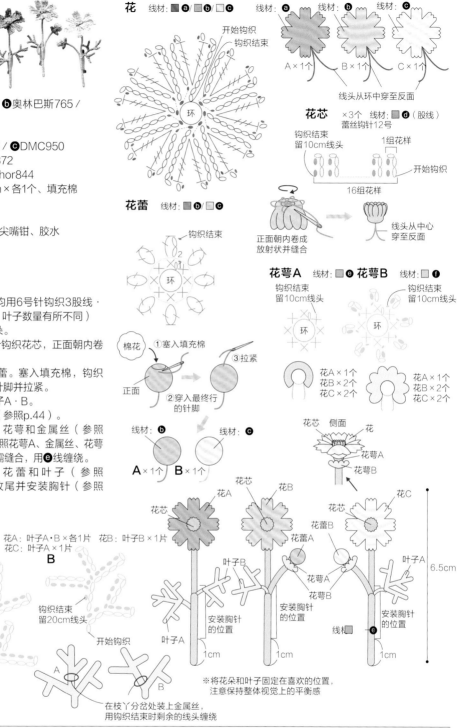

花 线材：■ⓐ/■ⓑ/□ⓒ

开始钩织
钩织结束
环

线材：ⓐ A×1个 线材：ⓑ B×1个 线材：ⓒ C×1个

线头从环中穿至反面

花蕾 线材：■ⓑ/□ⓒ

钩织结束
环

正面朝内卷成放射状并缝合

花芯 ×3个 线材：■ⓓ（股线）
蕾丝钩针12号

钩织结束留10cm线头
1组花样
开始钩织
16组花样

线头从中心穿至反面

①塞入填充棉
棉花
正面
②穿入最终行的针脚
③拉紧

花萼A 线材：■ⓔ 花萼B 线材：□ⓕ

钩织结束留10cm线头
环

钩织结束留10cm线头
环

花A×1个
花B×2个
花C×2个

花A×1个
花B×2个
花C×2个

线材：ⓑ A×1个 线材：ⓒ B×1个

花芯 侧面 花芯 花
花萼A
花萼B

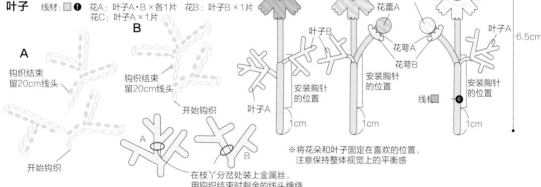

花芯 花A 花B 花芯 花C
花蕾B
花萼A
叶子A
叶子B
花蕾A
花萼A
花萼B

安装胸针的位置
安装胸针的位置
安装胸针的位置
线材□ⓔ

1cm 1cm 1cm

6.5cm

※将花朵和叶子固定在喜欢的位置，注意保持整体视觉上的平衡感

叶子 线材：□ⓕ 花A：叶子A・B×各1片 花B：叶子B×1片 花C：叶子A×1片

B
A

钩织结束留20cm线头
开始钩织

钩织结束留20cm线头
开始钩织

A
B

在枝丫分岔处装上金属丝，用钩织结束时剩余的线头缠绕

花芯・藤蔓的制作方法

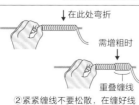

↓在此处弯折
需增粗时
重叠缠线

弯折
花芯

藤蔓
花芯

①手指同时捏住金属丝和线。

②紧紧缠线不要松散，在缠好线稍靠里一点的位置弯折。需增粗的时候可以在弯折处重叠多缠绕几次。

③弯折后从稍靠里处开始缠绕。顶部的线如脱离，整体会松开，需缠紧一些。

④缠到需要的长度。制作藤蔓时，可将之缠绕在细长物上，调整成所需的形状。

彩图　p.18,19

马蓼

材料
花籽：ⓐAnchor894、ⓑDMC3722、
ⓒDMC223
叶子：ⓓAnchor856
花籽的根部：ⓔDMC632
茎：ⓕAnchor855
#30金属丝、胸针2cm×各1个

用具
蕾丝钩针6号、尖嘴钳、胶水

成品尺寸
5cm×7cm

制作方法（3股线钩织）
1 用指定颜色钩织花籽，将钩织结束时的线头穿入起始针脚，正面朝内拉紧（共35个）。
2 钩织2片叶子A，1片叶子B，装上金属丝（参照p.31④）。
3 将花籽分成15个和20个，制作2条花穗。用ⓔ线将花籽缠绕固定在金属丝上（参照p.34②·花穗A：3个1组，共15个、花穗B：顶部2个间隔稍远，之后3个1组，共20个）。
4 在步骤3的花穗枝丫上加入ⓕ线，按照3个1组的规律交叉缠绕成放射状（参照p.35③）。
5 缠线固定花穗的枝丫和叶子（参照p.32⑤），底部收尾并安装胸针（参照p.32⑥）。

叶子　线材：■ⓓ

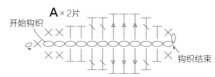

A×2片
开始钩织　　　　　钩织结束

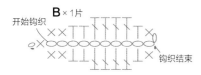

B×1片
开始钩织　　　　　钩织结束

┬
人 =中长长针（p.38）

花籽　线材：□ⓐ/■ⓑ/■ⓒ

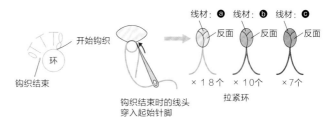

开始钩织
环
钩织结束

钩织结束时的线头穿入起始针脚

线材：ⓐ　反面　×18个
线材：ⓑ　反面　×10个
线材：ⓒ　反面　×7个
拉紧环

花穗的组装方法
颜色随机组合

A（花籽×15个）

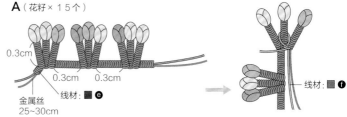

0.3cm　0.3cm　0.3cm
金属丝25~30cm
线材：■ⓔ

B（花籽×20个）

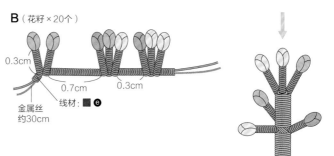

0.3cm　0.7cm　0.3cm
金属丝约30cm
线材：■ⓔ

线材：■ⓕ

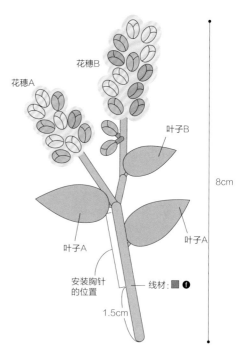

花穗B
花穗A
叶子B
叶子A
叶子A
安装胸针的位置
线材：■ⓕ
1.5cm
8cm

※将花穗和叶子固定在喜欢的位置，注意保持整体视觉上的平衡感

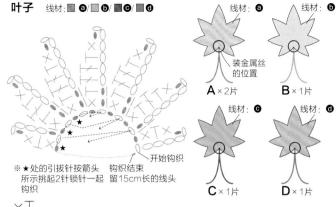

彩图　p.20,21

红叶

材料

叶子：**ⓐ**Anchor884、**ⓑ**Anchor945、
ⓒCOSMO465、**ⓓ**DMC632
种子：**ⓔ**Anchor1086
种子的两翼：**ⓕ**DMC841
枝：**ⓖ**DMC840
#30金属丝、胸针2cm×1个

用具

蕾丝钩针6号、尖嘴钳、胶水

成品尺寸

7cm×8cm

制作方法（3股线钩织）

1 用指定颜色钩织叶子A 2片，B~D各1片。
2 钩织4个种子，开始钩织的线头塞入内部，
　钩织结束时的线头穿入针脚并拉紧。
3 钩织种子的两翼2片（钩在种子上）。
4 将叶子装上金属丝（参照p.30①的
　⑤~31②）。同样地给种子也装上金属丝，
　按照下图的方法组合（参照p.31③）。
5 缠线固定叶子和种子ⓖ（参照p.32⑤），
　底部收尾并安装胸针（参照p.32⑥）。

叶子　线材：**■ⓐ**/**■ⓑ**/**■ⓒ**/**■ⓓ**

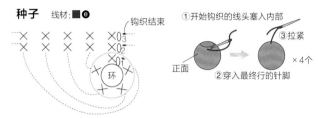

※★处的引拔针按箭头　钩织结束
所示挑起2针锁针一起　留15cm长的线头
钩织

╳─╤ =整束挑起引拔针钩织

╌ =按照箭头方向挑起锁针钩引拔针

线材：**ⓐ**
装金属丝
的位置
A ×2片

线材：**ⓑ**
B ×1片

线材：**ⓒ**
C ×1片

线材：**ⓓ**
D ×1片

种子　线材：**■ⓔ**

钩织结束
×0③
×0②
×0①
环

①开始钩织的线头塞入内部
正面
②穿入最终行的针脚
③拉紧
×4个

种子的两翼　×2片　线材：**■ⓕ**

开始钩织
钩织结束
留20cm长的线头
种子

装金属丝
的位置
×2个

※从种子的环中入针，
挑起整行开始钩织

Ŧ =中长长针（p.38）

组合方法

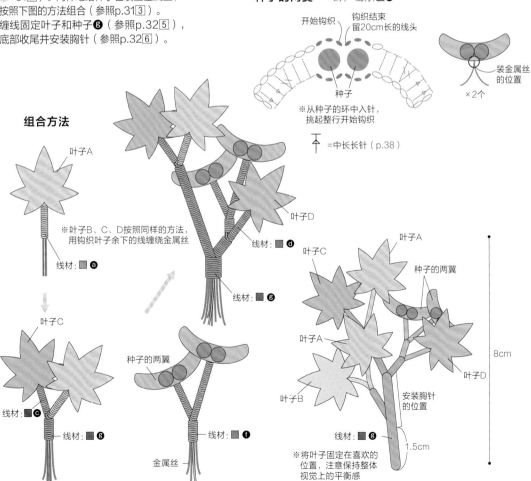

叶子A
※叶子B、C、D按照同样的方法，
用钩织叶子余下的线缠绕金属丝
线材：**■ⓐ**

叶子C
线材：**■ⓒ**
线材：**■ⓖ**

种子的两翼
金属丝
线材：**■ⓕ**

叶子D
线材：**■ⓓ**
线材：**■ⓖ**

叶子A
叶子C
种子的两翼
叶子A
叶子B
安装胸针
的位置
叶子D
线材：**■ⓖ**
8cm
1.5cm

※将叶子固定在喜欢的
位置，注意保持整体
视觉上的平衡感

彩图　p.20,21

乌桕

材料
果实：**ⓐ**Anchor830
带壳的果实：**ⓑ**Anchor393
叶子：**ⓒ**Anchor855、**ⓓ**Anchor884、
ⓔAnchor901
叶柄：**ⓕ**DMC612
果实柄·枝丫：**ⓖ**DMC840
#30金属丝、胸针2cm×1个、填充棉

用具
蕾丝钩针6号、尖嘴钳、胶水

成品尺寸
5cm×7cm

制作方法（3股线钩织）
1　钩织6个果实。
2　钩织1个带壳的果实。塞入填充棉，将钩织结束时的线头穿入最终行的针脚并拉紧。
3　钩织3片叶子，用ⓕ线缠绕金属丝（参照p.31④）。
4　在带壳的果实上加入金属丝，用ⓖ线缠绕固定（参照p.30①⑤）。
5　将果实按照3个1组的规律，用ⓖ线缠绕组合成放射状（参照p.34②），用开始钩织时余下的线头缠绕根部，再将织片往下翻折，用钩织结束时的余线穿入针脚拉紧。果实往下弯折，调整形状。制作2个果实组，其中1个不断线。
6　缠线固定果实、带壳的果实、叶子（参照p.32⑤），底部收尾并安装胸针（参照p.32⑥）。

果实　线材：▨ⓐ　钩织结束
留6~7cm长的线头

开始钩织

反面　装金属丝的位置
×6个

∧ = ⋀ =短针2针并1针
↓ = ↯ =短针1针分3针

带壳的果实　线材：▨ⓑ

钩织结束

开始钩织

棉花　①塞入填充棉
③拉紧
正面
线头从环中穿至正面　②穿入最终行的针脚
×1个

叶子　线材：▨ⓒ/ ▨ⓓ/ ▨ⓔ

开始钩织　钩织结束

↑ =中长长针（p.38）
↟ =中3卷长针（p.38）

线材：ⓒ　A×1片
线材：ⓓ　B×1片
线材：ⓔ　C×1片

果实的组合方法

果实
③将钩织结束时的余线穿入针脚并拉紧
②往下翻折
反面
0.5cm
线头留用，不缠入
①开始钩织的余线缠绕根部
线材：▨ⓖ
金属丝约15cm长

往外侧弯折
按压

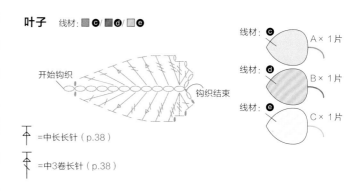

果实
带壳的果实
2cm
叶子A
果实
叶子B
线材：▨ⓕ
安装胸针的位置
叶子C
线材：▨ⓖ
1cm
6cm

※将果实和叶子固定在喜欢的位置，注意保持整体视觉上的平衡感

彩图　p.22,23

松果

材料

果实·果实顶端：ⓐDMC840
叶子：ⓑAnchor904
枝丫：ⓒAnchor898
#30金属丝、胸针2cm×1个

用具

蕾丝钩针6号、尖嘴钳、胶水

成品尺寸

5cm×6cm

制作方法（3股线钩织）

1　钩织果实A、B、D各2片，C4片。
2　钩织2片叶子A，1片叶子B。
3　用ⓐ线制作果实顶端的3个分叉（参照p.53）。用钩织果实时预留的线头依次往下缠绕金属丝，过程中加入指定数量的果实A~D并固定，共制作2个。
4　用ⓒ线制作叶子的顶端（参照p.53），并将叶子缠绕固定。叶子B暂不断线。
5　缠线固定叶子和果实（参照p.32⑤），底部收尾并安装胸针（参照p.32⑥）。

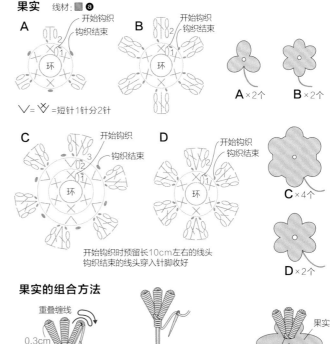

果实　线材：■ⓐ

Ⅴ = Ⅴ =短针1针分2针

开始钩织时预留长10cm左右的线头
钩织结束的线头穿入针脚收好

A×2个　B×2个　C×4个　D×2个

果实的组合方法

重叠缠线
0.3cm
金属丝约15cm长
果实顶端
线材：■ⓐ

从果实A开始按顺序穿入

用开始钩织时的线头缠绕0.2cm左右

果实A
果实B

果实A
果实B
果实C
果实C
果实D

×2个

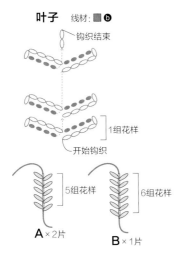

叶子　线材：■ⓑ

钩织结束
1组花样
开始钩织

5组花样　A×2片
6组花样　B×1片

叶子的组合方法

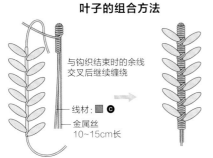

与钩织结束时的余线交叉后继续缠绕

线材：■ⓒ
金属丝10~15cm长

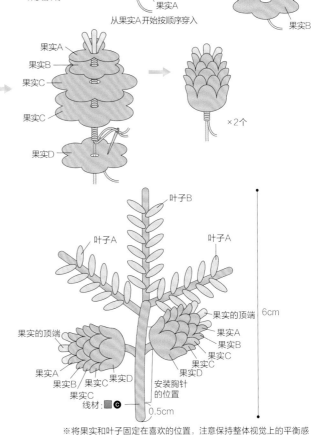

叶子B
叶子A
叶子A
6cm

果实的顶端
果实的顶端
果实A
果实B
果实C
果实A
果实B
果实D
果实A
果实B
果实C
果实D
果实C
安装胸针的位置
线材：■ⓒ
0.5cm

※将果实和叶子固定在喜欢的位置，注意保持整体视觉上的平衡感

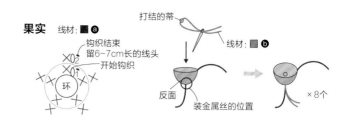

彩图　p.22.23

野蔷薇果

材料
果实：**ⓐ**COSMO465
果实蒂：**ⓑ**DMC840
枝丫：**ⓒ**DMC612
#30金属丝、胸针2cm×1个

用具
蕾丝钩针6号、尖嘴钳、胶水

成品尺寸
3cm×5cm

制作方法（3股线钩织）
1 钩织8个果实。用**ⓑ**线打结对折制作8根果实蒂（参照p.29B），从果实的正面穿入环中。
2 用**ⓒ**线缠绕金属丝，将翻面状态的果实安装成枝丫状（参照p.34②）。将果实蒂的线头一起包入，果实开始钩织时的线头无需包入。
3 用果实开始钩织时的线头缠绕根部，将果实翻至正面，用钩织结束时的余线穿过针脚拉紧。
4 依次制作好8个果实，继续往下缠线（枝丫不够粗时，可通过接线包入来调节）。扭动茎干，调整形状（参照p.35③的③）
5 底部收尾，安装胸针（参照p.32⑥）。

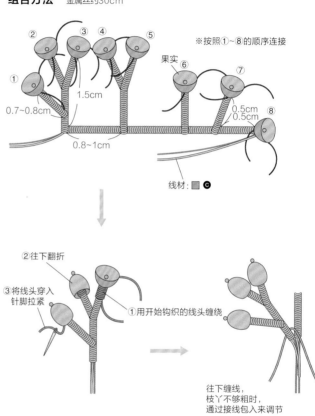

果实　线材：■ⓐ

钩织结束
留6~7cm长的线头
开始钩织

×02
×01
环

打结的蒂
线材：■ⓑ

反面
装金属丝的位置

×8个

组合方法　金属丝约30cm

※按照①~⑧的顺序连接

1.5cm
0.7~0.8cm
0.8~1cm
果实
0.5cm
0.5cm
线材：■ⓒ

②往下翻折
③将线头穿入针脚拉紧
①用开始钩织的线头缠绕

往下缠线，
枝丫不够粗时，
通过接线包入来调节

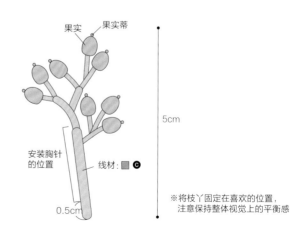

果实　果实蒂

5cm

安装胸针的位置　线材：■ⓒ

0.5cm

※将枝丫固定在喜欢的位置，注意保持整体视觉上的平衡感

彩图　p.22,23

橡子

材料

果实：ⓐDMC3862、ⓑDMC612
果壳：ⓒDMC841　果实蒂：ⓓDMC840
叶子：ⓔAnchor856、ⓕAnchor855
叶柄·枝丫：ⓓDMC840
#30金属丝、胸针2cm×1个、
填充棉

用具

蕾丝钩针6号、尖嘴钳、胶水

成品尺寸

6cm×7cm

制作方法（3股线钩织）

1　钩织3个果实A、1个果实B。用ⓓ线打结对折制作4根果实蒂（参照p.29B），从果实的正面穿入环中，为防止松脱，在反面与开始钩织的线头打结。塞入填充棉，钩织结束的线头穿入最终行的针脚拉紧。

2　钩织4个果壳。

3　钩织3片叶子A，2片叶子B。

4　在果实上安装果壳与金属丝（参照p.30①~31②），用果壳钩织结束时余下的线头缝合，用开始钩织的线头缠绕金属丝。

5　用ⓓ线将叶子缠好金属丝（参照p.31④）。2片叶子A不断线，用于固定其他部分。

6　用步骤5余下的线固定叶子和果实（参照p.32⑤），底部收尾并安装胸针（参照p.32⑥）。

叶子A　×3片　线材：█ⓔ　⟨=中长长针（p.38）

开始钩织　钩织结束

×3片

B　×2片　线材：▨ⓕ

开始钩织　钩织结束

×2片

果实　线材：█ⓐ/█ⓑ　钩织结束

⟨ = 短针1针分2针

⟨ = 短针2针并1针

果壳　线材：▨ⓒ　钩织结束

开始钩织

⟨ = 短针1针分2针的条纹针

棉花　②塞入填充棉　④拉紧

正面　③穿入最终行的针脚　①在内侧与开始的线头打结

开始钩织　线材：█ⓓ　果实蒂　打结

线材：█ⓐ　线材：█ⓑ
A×3个　B×1个

正面　钩织开始与结束时各留10cm长的线头，将开始时预留的线头从环中穿至正面
×4个

组合方法

果实A　果实B　叶子A　叶子B

用钩织结束时的余线卷针缝合

果壳

开始钩织的线

×3个　×1个

线材：█ⓓ　线材：█ⓓ
×3个　×2个

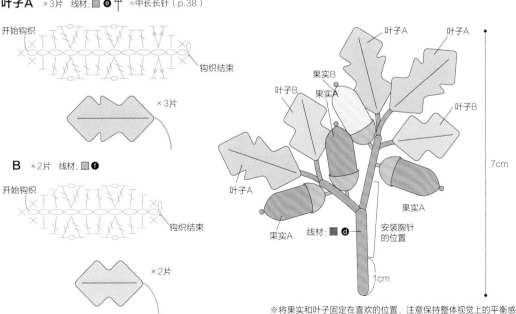

叶子A　叶子A
叶子B　果实A
果实B　果实A
叶子B
果实A
线材：█ⓓ
果实A
安装胸针的位置
7cm
1cm

※将果实和叶子固定在喜欢的位置，注意保持整体视觉上的平衡感

彩图　p.24,25

南天竹

材料
果实：ⓐCOSMO465
果实蒂：ⓑDMC840
叶子：ⓒAnchor845、ⓑAnchor844
叶柄：ⓔDMC612　枝丫：ⓕAnchor1084
枝丫顶端：ⓖAnchor830
#30金属丝、胸针2cm×1个

用具
蕾丝钩针6号、尖嘴钳、胶水

成品尺寸
5cm×7cm

制作方法（3股线钩织）

1　钩织7个果实。用ⓑ线打结对折制作7根果实蒂（参照p.29B），从果实的正面穿入环中。
2　钩织不同颜色的叶子A3片，B2片。
3　用ⓔ线在叶子上安装金属丝（参照p.31④）。其中1片叶子A不断线，用于固定其他叶子，制作成枝丫状（参照p.32⑤）。
4　用ⓕ线将果实连接固定成枝丫状（参照p.34②）。果实掉落后的枝丫顶端，换用ⓖ线缠绕（参照p.33）。
5　将7个果实翻面，往下缠线。扭动茎干，调整形状（参照p.35③的③）。加入叶子的枝丫固定好（参照p.32⑤）。
6　底部收尾，安装胸针（参照p.32⑥）。

果实　线材：■ⓐ

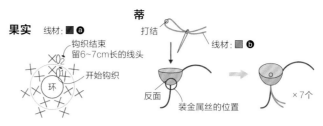

钩织结束
留6~7cm长的线头
开始钩织
环

蒂

打结

线材：■ⓑ

反面

装金属丝的位置

×7个

叶子　线材：▨ⓒ/▨ⓓ

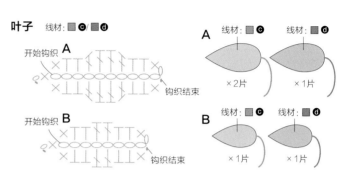

开始钩织　A

钩织结束

开始钩织　B

钩织结束

A　线材：▨ⓒ　　线材：▨ⓓ

×2片　　×1片

B　线材：▨ⓒ　　线材：▨ⓓ

×1片　　×1片

组合方法

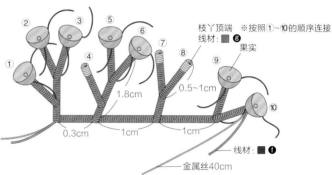

枝丫顶端　※按照①~⑩的顺序连接
线材：■ⓖ

果实

1.8cm　0.5~1cm

0.3cm　1cm　1cm

线材：■ⓕ

金属丝40cm

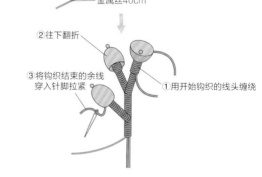

②往下翻折

③将钩织结束的余线穿入针脚拉紧

①用开始钩织的线头缠绕

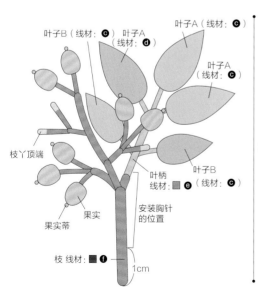

叶子B（线材：ⓒ）　叶子A（线材：ⓓ）

叶子A（线材：ⓒ）

叶子A（线材：ⓒ）

枝丫顶端

叶柄
线材：ⓔ　（线材：ⓒ）

叶子B（线材：ⓒ）

果实蒂

果实

安装胸针的位置

枝　线材：■ⓕ

1cm

7cm

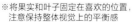

※将果实和叶子固定在喜欢的位置，
注意保持整体视觉上的平衡感

彩图　p.24,25

水仙

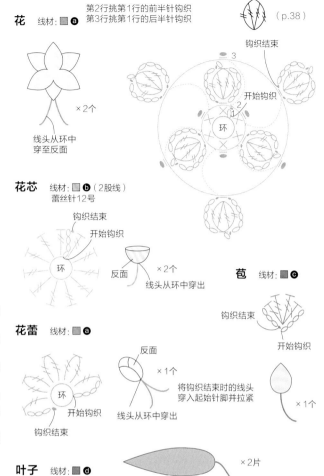

材料
花·花蕾：ⓐDMC739
花芯·花蕊：ⓑAnchor891
花苞：ⓒDMC842　叶子·茎：ⓓAnchor844
花杆：ⓔDMC372
#30金属丝、胸针2cm×1个

用具
蕾丝钩针6号、12号、尖嘴钳、胶水

成品尺寸
4.5cm×6.5cm

制作方法（除指定外均用6号针钩织3股线）
1　钩织2朵花。
2　取2股线，用12号针钩织2个花芯。
3　钩织1个花蕾，将钩织结束时的线头穿入起始针脚，正面朝内拉紧。
4　钩织1个花苞，2片叶子，将叶子装上金属丝（参照p.31④）。
5　取2股线，制作3个分岔的花蕊（参照p.53），依次穿过花芯和花朵。
6　用2种颜色缠绕花杆。将花蕾装上金属丝（参照p.30①的⑤~⑥），同样用2种颜色缠绕。
7　组合花朵和花蕾，缠线同时包入花苞（参照p.31③），加入叶子固定好（参照p.32⑤）。
8　底部收尾，安装胸针（参照p.32⑥）。

花　线材：▣ⓐ

第2行挑第1行的前半针钩织
第3行挑第1行的后半针钩织

（p.38）

钩织结束
线头从环中穿至反面
×2个

花芯　线材：▣ⓑ（2股线）
蕾丝针12号

钩织结束　开始钩织
环
反面
×2个
线头从环中穿出

花蕾　线材：▣ⓐ
反面
环
开始钩织
钩织结束
×1个
线头从环中穿出
将钩织结束时的线头穿入起始针脚并拉紧

苞　线材：▣ⓒ
钩织结束
开始钩织
×2个

叶子　线材：▣ⓓ
×2片
开始钩织
钩织结束

组合方法

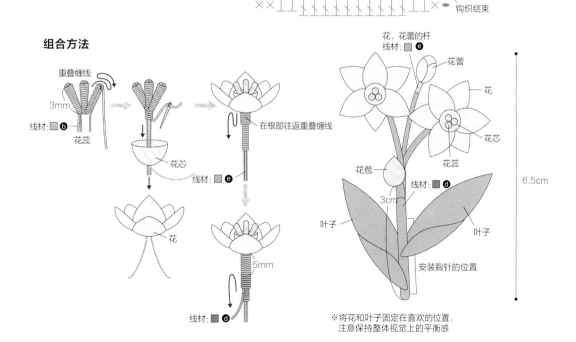

重叠缠线
3mm
线材：▣ⓑ
花蕊
花芯
线材：▣ⓔ
花
5mm
线材：▣ⓓ

在根部往返重叠缠线

花、花蕾的杆
线材：▣ⓔ
花蕾
花
花芯
花蕊
花苞
线材：▣ⓓ
3cm
叶子
叶子
安装胸针的位置
6.5cm

※将花和叶子固定在喜欢的位置，注意保持整体视觉上的平衡感

彩图　p.24,25

山茶花

材料
花・花蕾：**ⓐ**奥林巴斯768
花芯：**ⓑ**DMC372
花萼・叶子：**ⓒ**DMC3787
茎：**ⓓ**DMC3032
花蕊：麻线（生成色・明黄色）
#30金属丝、胸针2cm×1个、填充棉

用具
蕾丝钩针6号、尖嘴钳、胶水

成品尺寸
5cm×6.5cm

制作方法（3股线钩织）
1 用麻线制作花蕊。在1根生成色线上用1根
　明黄色线（绕线1次）打结（参照
　p.29A），共制作48~50根（24、5根×2
　朵花）。
2 钩织2朵花。钩织1个花蕾，塞入填充棉后
　将线头穿入针目拉紧。钩织2个花芯。
3 钩织3个花萼，3片叶子A，2片叶子B。
4 将叶子装上金属丝（参照p.31④）。
5 将花蕾装上花萼和金属丝，花朵装上花
　芯、花蕊、花萼和金属丝，用**ⓓ**线缠绕
　（参照p.30①~31②），无需断线。
6 组合花朵、花蕾和叶子（参照p.32⑤），
　底部收尾并安装胸针（参照p.32⑥）。

叶子　线材：■**ⓒ**　↑=中长长针（p.38）

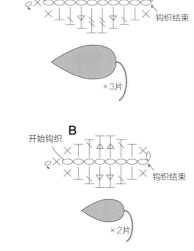

花　线材：■**ⓐ**

开始钩织
钩织结束
环

=3卷长针1针分6针

×2个

花芯　线材：□**ⓑ**

开始钩织
环
钩织结束

×2个

花蕾　线材：■**ⓐ**

钩织结束
环

棉花
①塞入填充棉
正面
将线头从环中穿出
②穿入最终行的针脚
③拉紧
×1个

花萼　线材：■**ⓒ**

开始钩织
环
钩织结束
留10cm长的线头
拉紧环，将线头从环中穿出
×3个

花和花蕾的组合方法

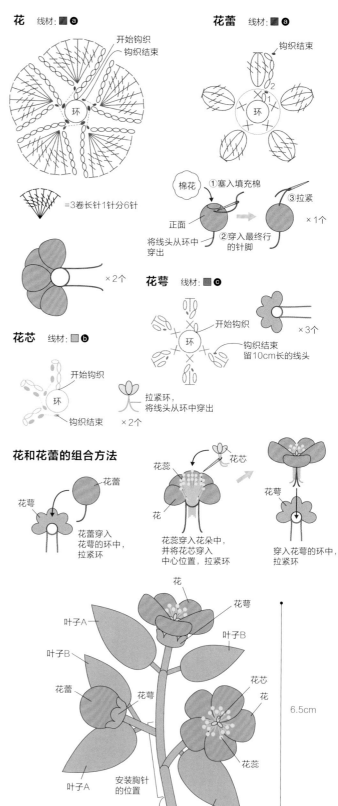

花蕊
花
花芯
花萼
叶子A
叶子B
花蕾
花萼
花芯
花萼
花蕊
叶子A
安装胸针的位置
1cm
线材：■**ⓓ**
6.5cm

花萼
花蕾
花蕾穿入花萼的环中，拉紧环

花蕊
花芯
花
花蕊穿入花朵中，并将花芯穿入中心位置，拉紧环

花萼
穿入花萼的环中，拉紧环

※将花和叶子固定在喜欢的位置，注意保持整体视觉上的平衡感

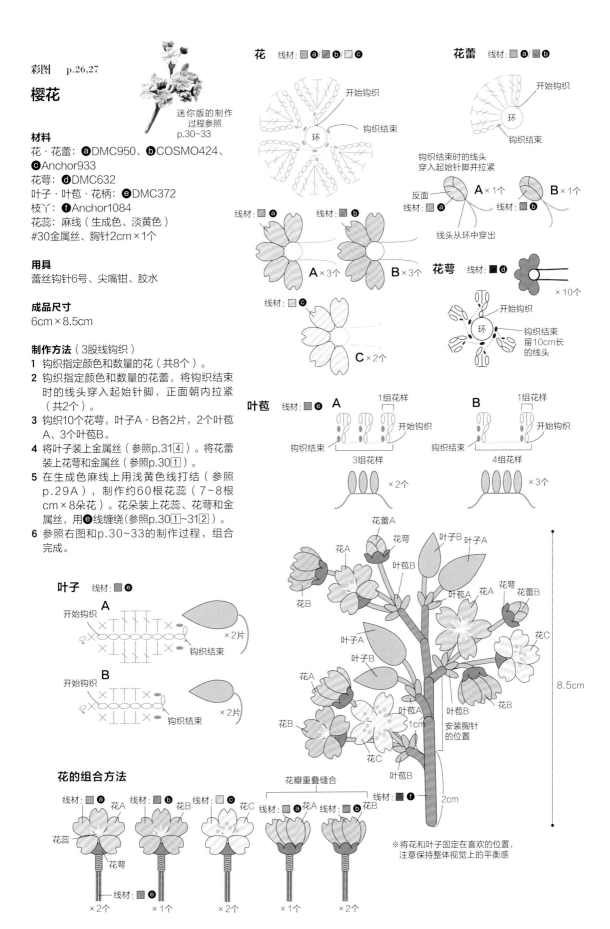

彩图　p.26,27

樱花

迷你版的制作
过程参照
p.30~33

材料

花・花蕾：ⓐDMC950、ⓑCOSMO424、
ⓒAnchor933
花萼：ⓓDMC632
叶子・叶苞・花柄：ⓔDMC372
枝丫：ⓕAnchor1084
花蕊：麻线（生成色、淡黄色）
#30金属丝、胸针2cm×1个

用具

蕾丝钩针6号、尖嘴钳、胶水

成品尺寸

6cm×8.5cm

制作方法（3股线钩织）

1　钩织指定颜色和数量的花（共8个）。
2　钩织指定颜色和数量的花蕾，将钩织结束
　　时的线头穿入起始针脚，正面朝内拉紧
　　（共2个）。
3　钩织10个花萼，叶子A・B各2片，2个叶苞
　　A、3个叶苞B。
4　将叶子装上金属丝（参照p.31④）。将花蕾
　　装上花萼和金属丝（参照p.30①）。
5　在生成色麻线上用浅黄色线打结（参照
　　p.29A），制作约60根花蕊（7～8根
　　cm×8朵花）。花朵装上花蕊、花萼和金
　　属丝，用ⓔ线缠绕（参照p.30①~31②）。
6　参照右图和p.30~33的制作过程，组合
　　完成。

花　线材：■ⓐ/■ⓑ/□ⓒ

开始钩织
钩织结束
环

花蕾　线材：■ⓐ/■ⓑ

开始钩织
环
钩织结束

钩织结束时的线头
穿入起始针脚并拉紧
反面
A×1个　　B×1个
线材：■ⓐ　　线材：■ⓑ
线头从环中穿出

线材：■ⓐ　　线材：■ⓑ
A×3个　　B×3个

线材：□ⓒ
C×2个

花萼　线材：■ⓓ
×10个

开始钩织
环
钩织结束
留10cm长
的线头

叶苞　线材：■ⓔ

A　　　　　　　　1组花样
开始钩织
钩织结束
3组花样
×2个

B　　　　　　　　1组花样
开始钩织
钩织结束
4组花样
×3个

叶子　线材：■ⓔ

A
开始钩织
钩织结束
×2片

B
开始钩织
钩织结束
×2片

花蕾A
花萼
叶子B　叶子A
花A
叶苞B
花B
花蕾B
花萼
花A
花C
叶苞A
叶子A
叶子B
花A
叶苞A
花B
1cm
叶苞B
花B
花C
叶苞A
叶苞B
花C
叶苞B
安装胸针
的位置
8.5cm
2cm

※将花和叶子固定在喜欢的位置，
注意保持整体视觉上的平衡感

花的组合方法

线材：■ⓐ　　线材：■ⓑ　　线材：□ⓒ
花A　　　　　花B　　　　　花C
花蕊
花萼
线材：■ⓔ
×2个　　　×1个　　　×2个

花瓣重叠缝合
线材：■ⓐ花A　线材：■ⓑ
　　　　　　　　　花B
×1个　　　×2个

作者简介

作品设计·制作
绮绮（Chi·Chi）

出生于兵库县，目前生活在京都。
从小热爱编织、缝纫、橡皮章等手工艺制作。
几年前开始参与手工展览，
并活跃于手工制品网络销售等活动中。
擅长通过细腻的配色钩编出富有季节感的作品。

Blog　https://nonohanabiyori.com/

工作人员

摄影……南云保夫
图书设计……门松清香
橡皮章制作……绮绮（Chi·Chi）
制图……RESHIPIA（株）
结构……坂本典子

原文书名：かぎ針と刺しゅう糸で編むボタニカル・アクセサリー
　　　　　野の花コサージュ

原作者名：Chi·Chi

Copyright © Chi·Chi, 2018

All rights reserved.

Original Japanese edition published by KAWADE SHOBO SHINSHA
Ltd. Publishers

Simplified Chinese translation copyright © 2019 by China Textile &
Apparel Press

This Simplified Chinese edition published by arrangement with
KAWADE SHOBO

SHINSHA Ltd. Publishers, Tokyo, through HonnoKizuna, Inc., Tokyo,
and Shinwon

Agency Co. Beijing Representative Office, Beijing

本书中文简体版经河出书房新社授权，由中国纺织出版社独家出版
发行。

本书内容未经出版者书面许可，不得以任何方式或任何手段复制、
转载或刊登。

著作权合同登记号：图字：01-2018-8568

图书在版编目（CIP）数据

充满自然气息的四季花草钩编／（日）绮绮著；叶
宇丰译 . -- 北京：中国纺织出版社，2019.7（2025.4 重印）
　ISBN 978-7-5180-6122-8

Ⅰ . ①充… Ⅱ . ①绮… ②叶… Ⅲ . ①钩针 – 编织 –
图集 Ⅳ . ① TS935.521–64

中国版本图书馆 CIP 数据核字（2019）第 069138 号

责任编辑：刘　茸　　特约编辑：张　瑶　　责任校对：王花妮
装帧设计：培捷文化　　责任印制：储志伟

中国纺织出版社出版发行
地址：北京市朝阳区百子湾东里 A407 号楼　邮政编码：100124
销售电话：010—67004422　传真：010—87155801
http://www.c-textilep.com
E-mail: faxing@c-textilep.com
中国纺织出版社天猫旗舰店
官方微博 http://weibo.com/2119887771
北京华联印刷有限公司印刷　各地新华书店经销
2019 年 7 月第 1 版　2025 年 4 月第 9 次印刷
开本：787×1092　1/16　印张：4
字数：64 千字　定价：49.80 元

凡购本书，如有缺页、倒页、脱页，由本社图书营销中心调换